时尚是我们所在时代的镜子。
街头往来人群的衣着让我们看到，
昨天是如何不可思议地融入今天，
乃至走入明天。
我们穿衣戴帽的方式不仅仅是为了遮体，
更多是在自我表达，
就像另一种自画像。
时尚也关乎我们人类社会前进的方式。
时尚处于永无止息的变化中，
它不断的变革吻合了我们不断改变的需求。
希望这本书为你带来阅读乐趣与启发。

本书献给 Tania 和 Little X

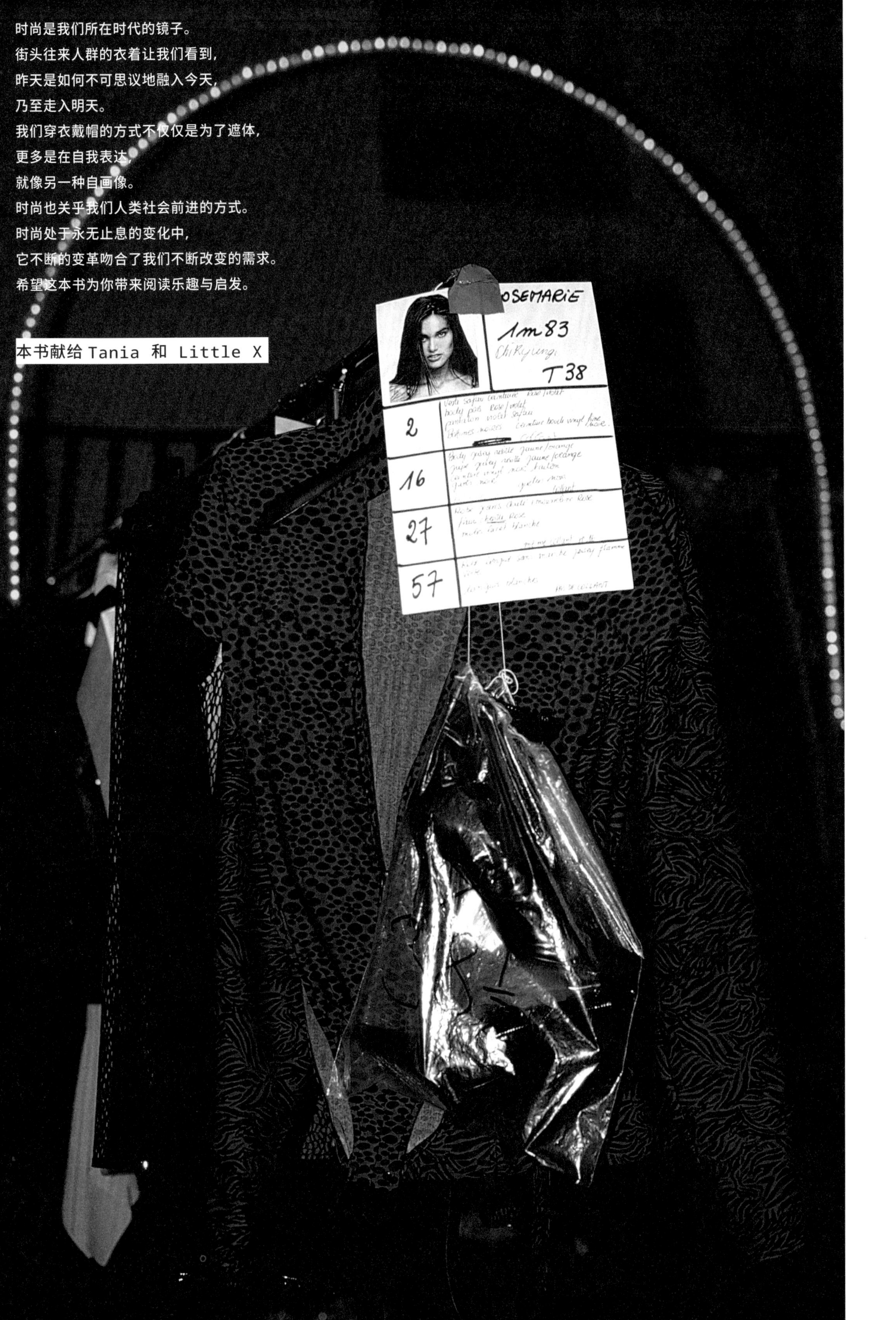

BELGIAN

FASHION

DESIGN

Maison Martin Margiela，
1997/1998 秋冬。

这个系列的两张照片里的模特展示的是同一套服饰，第二张是第一张的另一个角度。
凯瑟琳（Catherine）身穿棕色羊毛短袖毛衣和天蓝色上衣。淡黄绿色的棉质 T 恤上套了一件绿色的设得兰羊毛质地（Shetland）的高领毛衣。假发是用从一件毛皮大衣上回收的材质制成的。靴子是黑色皮质的，有铜锈一样的金色光泽，长度及膝，楔形鞋跟。

比利时时尚设计
BELGIAN FASHION DESIGN

〔比〕吕克·德雷克（Luc Derycke）
〔比〕桑德拉·范德维尔（Sandra Van De Veire）著
顾晨曦 刘芳 译

重庆大学出版社

人名翻译对照表

设计师

重要人物

目录

BELGIAN FASHION DESIGN

"在伦敦、米兰、巴黎和杜塞尔多夫，他们既有雄心壮志，又富有创新能力。在时尚媒体和时装发布会组织机构面前，他们是一个大胆且团结的联盟。"

Brigid Grauman,

"In the Mode, Fashion's New Faces", *Elle*, UK edition, October 1988

"经过十年酝酿，这场来自比利时的革命运动现已整装待发。这不是枪炮战争，而是关于外套和裙装的革命。一群来自比利时的、极具天赋的年轻设计师通过他们的作品，正在对当代时尚的发展方向发挥出惊人且重要的影响力。"

Alexander Lobrano,

"Belgium: How the Ugly Duck Grew Up", *International Herald Tribune*, 21-22 March 1992

"意大利制造也许得不到关注了，但在另一方面，它正在竭力将来自北方的新鲜血液注入自身，不计工本地夺回失落的青春。如果你试着刮掉表面的油漆，你就会发现那一个个服装设计系列的背后都是什么了。就像很多很多有名气的年轻自行车选手选择签约，然后进入环意自行车赛的顶级车队一样，那些响亮的意大利名字背后就是如此。"

Gabriele Invernizzi,

"Tutta di Belgio mi voglio vestire", *l'Espresso*, 17 January 1993

"这是一次革命，一次非常彻底的革命。"

Amy M. Spindler,

"Coming Apart", *The New York Times*, 25 July 1993

前言：关于比利时时尚设计

在 20 世纪 80 年代之前，“比利时时尚”未曾被人提及，更别说被研究书写。当然，在那之前有相当一部分比利时人的衣着是时髦的。但我们不能忽略的事实是：那绝非是比利时独有的时尚；在时尚的世界里，“比利时”还没有成为一个形容词。

当时的比利时，大众普遍保守，甚至是“乡土味”流行，并且本地时尚产业也畏惧承担任何风险。当然，一直都有一些古怪的、充满激情的人在致力于服装设计，但他们像“孤狼”一样存在。

20 年后，比利时大众的品位并未发生戏剧性的显著变化。不信的话，你可以在周六下午去主要商业街道上逛逛。整个产业依然在规避风险，这方面的坚守还真是名不虚传。那么，服装设计师们又能如何呢？他们的人数增加了，而他们依然是“孤狼”一样的存在。

尽管缺乏显著变化，但这本《比利时时尚设计》还是摆在了你的面前。“比利时”和“时尚”这两个词被并列安排在了一起，形成了一个词。到底发生了什么？

时尚从未成为现代科学、艺术或美学的研究课题。最佳服装通常被认为是世俗的制服，是新兴的“理性的”社会精英的新装。在所谓的“旧制度”之下，时尚依然有着男性和女性、不同社会阶层、城市和乡村、中心和外围、时髦和过气的区分。然而，当下社会最终完成了工业化，并且更有序、更透明、更干净。

经历过令人憎恶的第二次世界大战之后，重建知识秩序至关重要。黑暗和晦涩必然被压制，一切都需要是清晰、新颖、透明的。这成了日常生活的新准则，现代主义发展到了无可争议的鼎盛时期。

时尚像现代的“论著”一样被组织起来了，它们的分类原则有着惊人的相似性。时尚被视作一门“学科”，而不仅仅是手艺或贸易。它开始有了作者和创作人，并有了自己的选拔程序和仪式 —— 时装秀；有了自己的团体和学说，也有了发言人 —— 时尚专家和记者。时尚到底是什么，或者不是什么，或者哪些不是真的时尚，这些已经被很好地定义了。实际上，下面这些概念之间有着明显的区别：时装和纺织品、时装和民俗服饰、城市和乡村服饰、时装和制服。但最重要的一点是：时装和时尚是不同概念，时装只是时尚的一部分。

超级大都会掌握了时尚话语权，巴黎是无可争辩的时尚中心之中心。从布宜诺斯艾利斯到赫尔辛基，上层与中产阶级的衣柜里挂满了 Chanel、Courrèges、Yves Saint Laurent 和 Dior—— 这就是现代摩登生活！即便是在巴黎高级定制时装秀上，也可以找到类似好莱坞电影的感觉，就像传统发出的最后提醒。虽然米兰和伦敦也被视为时尚之都，但在这种情形下，如果想为比利时贴上时尚标签，就会从定义上被彻底否决。

少数几个比利时设计师可能是具备精湛技艺的工匠或是有灵性的艺术家，他们通过服装表达自己。不幸的是，这些偏执的怪人、不为人知的天才并未被视为创作者。

然而在 20 世纪 70 年代末，战后现代主义（Post-War Modernism）及其对极权主义（Totalitarian）意识形态的信仰也快过气了。这种消亡不是从疲惫走向枯竭，而是像心脏病发作一样突然。这种所谓知识和制度的全球化，以及将一切不符合“全球化”标准的事物排斥在外的态度，使得现代主义备受攻击。米歇尔·福柯（Michel Foucault）谈到关于“被奴役的知识的暴动……与权力斗争的历史知识有关”。当时出现了类似“知识回归”这么一回事，“它无关理论，而关乎生活，不在于知识而是现实，不在于书本上的而是金钱的。”[1]

伴随着 20 世纪 80 年代初的危机，新表现主义艺术（Neo-Expressionism）崭露头角，它在德国被称为 Neue Wilden，在意大利被称为 Transavantguardia，它推翻了在 20 世纪 70 年代概念艺术所占据的霸权地位。当第一座后现代主义建筑出现时，盛行的观念是“…… 一种新的评判。当理性主义开始表现得像一门可悲的学科时，它无意中导致了僵化的悲鸣…… 因此，人们期盼更多的令人振奋的行为，显然这些行为目标在于脱离僵化式的放松，而不是如看起来似的‘工作’……”[2]

被福柯所描述的“被奴役的知识的暴动”成了一种文化上的普遍现象，对全球化的浮夸与先锋派的集权化视而不见，因其不堪一击的假设而筋疲力尽，并逐渐陷入了愤世嫉俗—— 这在艺术、科学和时尚领域中比比皆是。

地域性成为那些挑战性评判的主导性特征，它不是机会主义，而是一种对自主的持久渴望。在与流行文化重新建立联系时，它所强调的是与之相对的、不同的力量而非共性。一种新的激进做法集中出现在权力机制及在敌对世界的生存策略上，并卷入权力斗争的历史知识这样浩瀚无边的领域中。

川久保玲（Rei Kawakubo）的 Comme Des Garçons 早期在巴黎的秀就被视为一种新的标志，她出其不意地推出“广岛样貌”—— 白色的、不愿与人沟通的脸和撕破的衣服—— 与其说指向某种时尚或品位，不如说指向的是一段记忆、一种强烈的体验。这清楚地表明：时尚既不是被某个未知的普适性的实体机构所支配，也不是被某个经常在某些时尚圈子里出现的假想的“团体”所支配。但是，人类的活动是受到时间和地点等因素影响的。相较于全球性的稀释版本，地域性更有发展潜力，因为后者是亲身体验的，真实而强烈的。业界没有忽视它，此后这种趋势进程就一直没停止过。

现代主义的全盛时期已经过去，“地域性”时代即将开始。突然之间，正发生在比利时的这些错综复杂的、交错的特性不再处于外围状态了。比利时态度（Belgitude）成为突然兴起的浪潮，正是这种态度决定了勒内·马格里特（René Magritte）和马塞尔·布达埃尔（Marcel Broodthaers）这样的艺术家的作品性质。然而，这种新兴浪潮并非像全球性大赦一般涉及所有地方，比如在阿尔巴尼亚、波兰，甚至葡萄牙时尚圈就无迹可寻。比利时时尚的风靡一时并不是出于纯粹的对异国风情的渴望。

比利时带来的是一种独一无二的地域性体验。首先，你很难说它是一个民族。从历史上看，这片土地有段时间曾是世袭性的，其余时间则是被占领的。这是一个小国家，它的全部人口总和甚至没有超过一个大都会型国际大城市。

其他欧洲文化通常是通过武力入侵或远征军的途径进行渗透。比利时的文化则类似一种斗争，涉及了权利、统治以及一个驻守在遥远他方的统治者。因此，一方面，比利时是受到不同欧洲文化影响的混合体，另一方面，比利时又干脆地否定了那些统治性文化。文化领域出现的每个新动向都必然和它的对立面相关联。简言之，比利时文化本体的最大本质是个体意识，这是它不可分割的组成部分。

表面上看来，在国际时尚领域里，比利时处于被完全忽略的边缘位置——这样的情况之下，1963年，玛丽·普里约特（Mary Prijot）为安特卫普皇家艺术学院创办了一个新的系：时尚系。她指导着时尚系，就像它是巴黎时尚的最中心地带一样。她传授给学生的重要准则是：时尚要被视为一门独立的学科，以及要创造出“纯粹”的东西是多么困难。新一代的设计师们的优势就在于此，他们能够和这位铁娘子直接切磋，他们中的一些人后来征服了世界。

1981年，比利时政府推出“纺织计划”政策（也被称为纺织品政策），旨在支持本国纺织业的发展，稳定该行业的就业市场。在这种环境背景之下，海伦娜·拉维斯特（Helena Ravijst）发起了“时尚，这就是比利时（Fashion: It's Belgian）”运动。这是“时尚”和“比利时”这两个词第一次组合在一起，明确地象征着与过去划清界限。她满怀热忱地支持新人，这体现在她发起了旨在支持时尚界新人的“金纺锤大奖（Golden Spindle）”赛，并为该奖项找到充足预算与让人印象深刻的评委团。几乎一夜之间，她帮助比利时登上了时尚舞台。

自1982年创立以来，历届金纺锤大奖赛中涌现出诸多天才设计师，其中六位确立了比利时时尚的国际地位和影响力。

尽管从严格意义上来说，马丁·马吉拉（Martin Margiela）一直在尝试破坏前卫先锋的概念，但对许多人而言，他本人就是前卫先锋的化身。也许，把他描述成“系谱学家（genealogist）”会更为贴切些。从一个接一个的设计系列里能看到，他的注意力集中在我们那些“被征服的”的记忆，比如服装文化、时尚、手工艺、欲望、结构、技巧和矛盾。他从根本上将自己与现代时尚概念划清界限，很快被贴上了“破坏主义者”的标签，或更确切地说是“解构主义者”。然而这些标签与其说是关于他的设计系列，不如说是更多地关注在了“时尚是如何被感知的”这事儿之上。在当代时尚界，最精妙的结构设计就出现在他的那些设计系列里。

沃尔特·范贝伦东克（Walter Van Beirendonck）似乎在寻找一种对抗的方式。那些被现代主义谨慎地根除或否定的元素充斥在他的作品里：人类破坏环境而不自知、各种仪式、代码、故事，以及人类为了对抗恐惧而发展出来的想象：童话、神话、施虐与受虐、卡通、武术…… 范贝伦东克的作品系列就像一种想象中的旅行，穿越了让我们集体性不安的世界，并蕴含强大能量。

其他设计师们的关注重点不是研究或质疑时尚规范，而是专注于个人世界与亲密关系。这在当今很普遍，但是当时，20世纪80年代是“权力套装（Power-Dressing）”的鼎盛时期，所以这不仅势弱，更谈不上革命。

显而易见的是，德赖斯·范诺顿（Dries Van Noten）几乎毫不费力就为自己设计的服装添加上了故事性，而这些故事与穿着这些衣服的男人或女人的个性也是相融的。他的作品系列就像一个个虚幻的衣柜，每一个都只能通过多次环游世界旅行才能收集而成，并且每一件作品都有自己的历史和一系列的逸闻趣事。他的衣服不是那种“使用说明”型的；正相反，他的衣服就像专门为穿着者特别设计的。坦白讲，尽管范诺顿在设计上借鉴了很多传统服装，但他的作品依然很难被识别。而这些设计似乎适用于各种场合，并且打破了时间、地点、社会阶级和行为规范的定义与限制。

安·迪穆拉米斯特（Ann Demeulemeester）的主要兴趣在于：衣服和它们的穿着者之间的亲密关系。她的设计简洁感体现在：让穿着者能正视外部世界与自己的内心世界。她在设计上的极简主义体现在颜色和材料的选择上。她的注意力聚焦于衣服结构的研究之上。这使得她的设计是有存在感的，有灵魂的。

德克·范沙恩（Dirk Van Saene）也是一位罕见的设计师，他是极为少数的、严格从服装设计的角度来看待时尚的设计师之一。在发展自己的创作系列时，他选择的是快速且彻底地变化。似乎他本人也被自己所经历的这些巨大而丰富的变化迷住了，在他的设计系列周遭弥漫着一种急速空气流，而正是这些设计系列的内在本质才能引发这样的能量。他的设计总能让人卸下伪装，因为捕捉到了陪伴的本质：意想不到的、快活的、感性的，以及令人感觉舒适自然。

在德克·比肯伯格（Dirk Bikkembergs）推出的设计系列里，他将自第二次世界大战以来一直因为不够优雅而被牺牲掉的设计元素带了回来。他对身体的态度是坦率直白的，他带回来的设计元素是结实耐穿的多用途服装以及军装套装。他让“为剧烈的体育运动设计服装”这个传统重回时尚界。在健身房和运动中心席卷城市与乡村之前，他就已经在为运动中的身体做设计了。他的设计将运动和性感风格结合在一起，让我们衣橱里的衣服有了更多用途：既适合轻松聚会，也适合专业的健身运动，此外，还适合两者之间的各种场合。

这些比利时设计师们推动了转变，一个在比利时时尚中反复出现的主题是：将时尚的难以捉摸性转移到了个人，转移到了伴随着不确定性与焦虑性的人类生存方式。如果说存在一种共有的、强大的驱动力，那可能就是这样了。

他们的成就令人印象深刻，特别是几位年轻设计师的表现，赋予了比利时重大意义。在最新的巴黎时装周官方时间表上（译者注：1999 年），有 13 位比利时设计师名列其中。在国际时尚界生存下来需要很多很多的努力。

这些年来，比利时的设计师们推出各种各样的活动，与国际大环境下正在发生的事件无缝对接。“时尚，这就是比利时”这个口号，以前曾经是一种认知方面的诉求，现在则是一种对原产国的轻松又淡然的介绍。

无数次，我们问自己：《比利时时尚设计》是否就是适合这本书的书名？

设想有一架假想中的飞机，一边都是比利时的事物，而另一边的每一样东西都不是比利时的。假设这架飞机被卷成一圈，不属于比利时的东西都被排除在外。可以想象的是，这个圈将是变形的，会有大量的突起和裂缝。这种形象不是可持续发展的。我们的结论是：尽管“比利时时尚设计”这个主题可以用文字来描述，但不可能仅通过这一本书就能完整地表述清楚。

即便是使用“比利时时尚设计”这个书名也并不能涵盖发生在比利时国土上的一切和时尚有关的事。无论是文字还是图片，还有很多人与事没有被提及。本书内容并不是对比利时的定义，试想，怎么可能通过一本书就能解释明白何为比利时呢？同样，这本书当然也不能被当作唯一的一本如实讲述比利时时尚设计的书。

桑德拉·范德维尔和我努力在做的事情就是：解析这个令人眼花缭乱的“比利时时尚”世界。我们用讨论的方式来展示这个世界的多样性。我们在意的是提出正确的问题，而不是给出一个答案。

比利时、时尚、设计这几个词的组合看起来似乎有点不合常规，这就是为何我们把它们作为我们的出发点，以及为何我们会认定没有比这更好的标题了。

吕克·德雷克

1999 年 8 月，写于根特（Ghent，比利时自治市）

注释：

1. Michel Foucault, “A lecture”, *Art in Theory, 1900-1990. An Anthology of Changing Ideas*, Blackwell,1992, Oxford, Uk & Cambridge, US; p.972.

2. Peter Sloterdijk, *Kritiek van de Cynische Rede*, Uitgeverij De Arbeiderspers, Amsterdam, 1984, p.28.

Under pressure of time the quote in this essay was translated from this edition into english by Gerrie Van Noord. For the original translation please consult the english edition.

索尼亚·诺尔（Sonja Noel）："比利时的时装设计师们具有人格魅力，他们在创作过程中的独特性展现出他们率直的时尚观。这种独特性表现在：他们对灵感来源的选择，他们以高度个性化的方式在自己感兴趣的领域开疆辟土。相比那些常见的成衣设计，他们选择的创作主题更为深刻，因为那是他们思想根源的一部分；他们坚守选择，并围绕这些主题设计出高度多样化的服装系列。他们创造出新的形状，把机织面料、针织和配饰结合在一起，使它们彼此相互加固，相辅相成，像这样的一系列的衣服我们称之为系列（Collection）。他们打破了晚装、工作服和休闲装之间的常规定义与区别。他们相信自己设计的衣服能够适用于各种时间和场合，他们用自己的设计去突破社会阶层的界限。他们设计的衣服，让人无法马上分辨出来是昂贵还是便宜；他们有能力通过设计来清晰地展示心中愿景。通过一场秀，一张照片或是一段视频，他们能把自己眼中的世界具体而清晰地传达给我们。他们在有意识地创造着发型和妆容，以及模特类型。同时，他们得到了业内最专业人士的协助。最后要提及一点，比利时设计师们的另一个典型特征是他们通常会建立自己的企业，这意味着他们不需对其他任何人负责。"

栗野宏文（Hirofumi Kurino）："比利时的设计师们证明了时尚业仍然是创意第一，并且创意是以人为本、为中心、为目的的。他们还证明了，创意有足够的力量去改变人们的态度和自我反思的模式。"

德赖斯·范诺顿："比利时的设计师们对服装有一种特殊的处理方法。你也可以看到很多时装店偏向于对几个比利时设计师的作品进行同时陈列和备货。典型的做法是，他们倾向于'一件一件地设计单品'，而不是从头到脚的整套着装设计。你有时会看见人们会穿一件德克·比肯伯格设计的衬衫搭配我设计的夹克，再搭配一件其他设计师的衣服……

"某种程度而言，这就是中立性的设计。

"比利时的设计是脚踏实地的，非常实际且非常真实的。

"也许和我们接受过同样的教育有关…… 或许因为我们名字太复杂难以念出来，特别是对外国人而言。只说'比利时人'会容易些。"

珍妮·梅伦斯（Jenny Meirens）："比利时所有有创造力的人都有一个共同点，那就是谦逊的态度，这体现在他们的工作上，他们使用的方法，以及思考能力和运作模式上的独立性。这非常符合他们这一代人的性格特征。而他们所享有的国际声誉正是这一切合乎逻辑的结果。"

吉尔特·布鲁洛（Geert Bruloot）："每个比利时设计师都有着高度个性化的时尚理念，但他们都对传统有浓厚兴趣，这种兴趣体现在技术与历史意义的层面上。每个人都在用自己的方式对待传统。有的人的创新性体现在技术层面上，有的人则是擅长处理传统文化的影响。说到前一类人，我想到的是马丁·马吉拉，而后一类人我想到了德赖斯·范诺顿。"

鲍勃·范里斯（Bob Van Reeth）："我认为他们影响了我们的文化，而不是我们文化的产物。我相信他们是一群独特的人，当然他们也会受到所处环境的影响，会从环境中'提取'，也会从环境中获益。但是我不能说他们是佛兰德人（Flemish）的典型。"

杰西·布鲁斯（Jesse Brouns）："比利时设计师的长处：强烈的品牌意识、小规模、具有商业眼光。代表比利时时尚的两代人，一代是神话般的'安特卫普六君子'（The Antwerp Six），另一代事实上是从第一代接手的（也喜欢黑色）。

"在新一代的作品中，经常会参考新浪潮（New Wave）的表达形式，全是关于黑色和忧伤的主题。这种形式深深根植于20世纪80年代的比利时。"

安妮·库里斯（Anne Kurris）："对职业的尊重和理解，加上对最新事物的准确直觉，这意味着他们的作品看起来很现代；再结合他们在处理所有其他次要问题时所坚持的完美主义——这一切让他们的作品呈现出一个强而有力的形象。"

吉莱恩·努伊特顿（Ghilaine Nuytten）："他们拒绝妥协，他们对潮流趋势的预见性，他们坚守的行为准则、完美的时尚感和无限的激情，这一切为他们赢得了全世界的尊重。"

艾格尼丝·古瓦茨（Agnes Goyvaerts）："在创意方面，他们会走极端，但是不会'为了艺术而艺术'（Art For Art'S Sake）。他们有着清醒的认知，归根结底，最重要的是衣服，而衣服的根本是用来穿的，不是为了挂在博物馆里。

"'这些比利时人'，或更准确地说，'安特卫普六君子'，只是出于必要才短暂地组团，一有机会，他们就会以个人身份出现。他们之间会有论战甚至争吵。事实是，'这些比利时人'依然被外国人视为一个强大的团体，这可能是因为在同一地点极少会同时出现如此多拥有卓越才智与韧性的人。"

琳恩·肯普斯（Lene Kemps）："比利时设计师们的优势在于：他们将实穿性、规范化、前卫和疯狂都结合在了一起。比利时时尚是确定存在的吗？我认为，你必须从一个局外人的角度才能看到它的存在。正如我们将'意大利时尚'与风格和女性气质联系在一起，将'日本时尚'与先锋派实践联系在一起，'比利时时尚'代表的是严谨、知性和线条。"

弗朗辛·帕龙（Francine Pairon）："比利时设计师们的优势是：有很强的概念性，不妥协，具有纯粹的审美和个性、不断推陈出新的创新能力，超越所有准则——尤其精通艺术与时尚之间的共性。"

英奇·格罗纳德（Inge Grognard）& 罗纳德·斯图普斯（Ronald Stoops）："决心和惊人的毅力。"

尼尼特·穆克（Ninette Murk）:“ 创造力与商业头脑的结合。比利时设计师的宣传随处可见，这也展示了他们的设计是多么强大，至少这都是他们靠自己的设计赢得的。

“ 比利时的学校是什么？自从 1990 年安 · 迪穆拉米斯特在巴黎的首秀以来，我一直在关注比利时设计师们。但在我看来，没有所谓的 ‘ 学校 ’（除了安特卫普皇家艺术学院）。如果这种称谓存在，那肯定不是设计师们创造出来的，而是与那些记者们有关。比利时人的团结感是 ‘ 安特卫普六君子 ’ 带给我们的，同样，这六个人也一直因此而备受折磨。后来出现的比利时设计师们也被归到他们的团队里，这其实是为了方便起见，外国媒体这么做在某种程度上是可以理解的，而一大堆的比利时记者们竟然也如此，归根结底是他们懒惰，并且欠缺职业水准。”

丽莲 · 克雷姆斯（Lilian Kremers）:“ 我为 ‘ 比利时人 ’ 身上贴的标签是 ‘ 真实性 ’。”

栗野宏文 :“ 当我走在安特卫普或布鲁塞尔的街上时，我总是感觉到两种截然不同的情绪 : 一种是历史悠久，沉静而缺乏活力 ; 一种则是有着无拘无束的好奇心。这两种感觉有时是交融的，有时则是以一种令人不舒服的对峙状态出现的，这使得比利时的城市气氛非常特殊。与欧洲其他城市相比，比利时的城市有着强大的商业传统，并且历史上贵族统治过的痕迹较少。据我所知，在安特卫普皇家艺术学院里，学生们被教导要注重时尚商业性的那一面。还有哪一所艺术学校也能在 15 年内培养出这么多重要的设计师吗？创意性与职业性之间的平衡，幻想与现实之间的平衡，让比利时设计师们诠释着不寻常的自己。”

马丁·马吉拉工作室（Maison Martin Margiela）：

对吕克·德雷克和桑德拉·范德维尔提出的关于比利时时尚设计的采访回复

1999 年 2 月 12 日

1．关于时装秀（竞技场）

在时尚产业里，时装秀几乎是唯一不受时间与地点束缚的活动。你是否会认为，时装秀是时尚在某个特定时间与地点发生的最纯粹、最全面的展示？或者，你觉得时装秀只是时装系列制作过程中的一个步骤？

时装秀是服装在走向消费者的过程中的一个过渡阶段。环环相扣的一系列选择的最终选择是：穿着者从这个系列里选出一件或几件衣服，然后将它们融入自己的衣橱里。服装系列需要经历层层选择：工厂与工作室从设计与制作的精细度的角度做出选择；在走秀或静态展示时，设计师对所展示的衣服与造型做出选择；商店在进货时做出选择，再将选择结果展现给消费者；而消费者从中选择出自己想要穿的那一件衣服。

2．关于转变（戏剧）

有那么一个瞬间，秀场上的服装系列就像是站在竞技场中心，备受瞩目。那一刻之壮观，就如同舞台剧或表演艺术一样。那么这样的展示里，戏剧化对你而言重要吗？

观念表达的基础是：在消失之前，完整的系列作为独立的单元是如何存在的。

3．关于语言（连接）

就像语言中的单词，服装也涉及不同重要领域。你会考虑，或者更确切地说，你会预测自己的作品会被怎样解读吗？ 你会尝试用你的设计传达某种声明吗？

极少。

没什么声明能脱离服装而存在。我们只知道我们为什么去创作这个系列，而它们会被如何理解与对待则是完全超出了设计师的可控范围，谢天谢地是这样的。

4．关于艺术（界限）

4a． 艺术启发你了吗？有没有来自艺术界的某种态度或主张影响过你，或依然在影响着你？

如何解析我们的作品？我们认为应该把这个工作留给别人来做。

4b． 你是否将时尚视为一种艺术形式，或者你认为时尚与艺术之间有清晰的区别？或者两者之间的界限模糊，并有可能被超越？

时尚是种手艺，是有技术要求的专业。在我们看来，时尚不是一种艺术表达形式。艺术与时尚都是通过创意来分享表达，但是通过非常不同的载体与流程……

4c．当代时尚会与当代艺术相遇，特别是在时尚的展示方式（走秀、摄影）方面。这是一个界限特别模糊的地带吗？

有可能。

5．关于风格（定义）

5a． 在当代时尚中，风格一词还有什么特殊含义吗？是否依然可以将某种特殊行为定义为风格，而不仅仅是某个特定设计师的作品？如果可以，那么你怎么定义风格？风格是关于形式与规范的关系，还是类似想法与态度的阐述与意义？你会怎样定义比利时风格？

每个人独有的 / 通常如此 / 一种氛围，是穿衣人与衣服的一种融合 / 阐述 / 一种观点，和其他观点一样多变。

5b． 你是否在尝试用你那些多变的作品系列或设计系列创造出一种特定的风格？或者，自然地成形某种独立的风格？或者，你没特别考虑过风格，而是从品牌角度出发去工作，但当你的设计作品面对大众时，风格是作为附属产品出现的？

任由别人这样说 / 别人那样说 / 没有唯一的答案，通常是相互作用的。

6．关于变形（替代）

有些人会将时尚视为：服装衍生出来的各种变形。那么变形是目的吗，或者你觉得有外力介入导致了这些连续性变化的产生？

与其说它是目的，不如说，它是结果。

7．关于人体（基础）

人体是承载你的设计创作的基础。人体模型是中性的变量，但是人类的身体是单独的个体，并且处在不断的运动中，所以以人体为创作基础是复杂且困难的。服装能定义身体的形象，但是身体本身也对自己所穿的衣服有同样作用。作为活生生的、运动着的身体，是否也会激发阻力？有时候，你是否认为人体有其局限性？或者，你是否认为服装以及它们的廓形，已经足以明确地重新定义、重造身体（并因此而提升身体地位）？

重要的是协调一致，就像是围绕人体与个性的炼金术的产品。

8. 关于建筑（结构）

8a. 衣服是三维的，它的产生经过了绘制、组装、构建结构这个有时颇为复杂的过程。这个过程与建筑有共通之处。你认为建筑与时装之间的关系如何？

它们都是一个创造性的过程，在表达的同时尊重并理解方法论，它们都需要理解、超越、吸取实物指标、材料与准则。

8b. 有时，建筑和特定衣服的设计是近乎"永恒的"，它们的存在似乎能超越时间与空间，并保持现代性，不需要我们去指手画脚地阐释原因。你是否认为存在着一个关于"抽象"的公式，可以使用普遍通用的比例与度量？或者说，在你看来，强大的建筑物或服装是由什么构成的？

没有绝对的比例。

旁观者有眼，自有判断尺度，同时，执行过程里也有专业的评判准则。

8c. 与建筑物相反，时装有循环周期，比如一年两次或四次。这对设计有影响吗？

是的，时间在流逝，时装设计创作也必须随之不断重新开始。然而时装创作的循环主要是跟着产业内的行业时间表，而不是由服装的精神内涵决定的。服装产业内的季节开始与结束，个人衣橱的季节变化，这两者并不一致。人们不应该把服装与服装的生产制作周期混为一谈。

9. 街头（竞技舞台）

公共场合、街道都是能展现时尚观点的舞台与竞技场。对你而言，来自街头的观众的反应重要吗？在创作过程中，你会考虑来自街头的反馈吗？街头是你的设计灵感的主要来源吗？

重要的。

通常反馈是在设计过程之后。

通常是的，虽然街头时尚千变万化。

10. 关于语言（再现）

你是否曾遇到这些情况：街头文化改变了你的某个系列的寓意（设计语言）？你的设计与其他服饰混在一起，穿戴的方式是不是你设想或期待的？街头文化是否曾改变了你的设计？

如果你把它称为"设计语言"，那么，是的。

遇到过。

穿衣服的人是独立的个体……是的。

11. 关于功能（实用主义）

你在意自己的设计作品的功能性吗？当你设计某类有特别功能性的服饰时，你是否会为了确保功能性而在一定程度上调整设计？你是否也认为服装有不同的功能性？你是否有意识地寻找过，到目前为止，你是否还在寻找尚未被设计出来的用于特定的活动 / 功能的服装（休闲活动的新趋势、新工艺 / 工作）？

是的，对我们而言，这是工作中非常重要的挑战。

当然会为功能性改变设计。

是的。

时不时就会这样做。

12. 关于工艺（传统）

对你而言，传统与工艺技术重要吗？你是否想挑战传统，在某种程度上激发手工艺人提出新一代解决方案，或者，通过新创作复活某些濒临灭绝的技术？

非常重要。

当我们可以时，我们就会如此。

13. 关于历史（历史服饰）

历史服饰极其丰富，有些简单，有些怪异，有些复杂，有些只是奢侈。工艺标准的制定很大程度上是因为过去的服饰创作的需要。你是否认为，过去的传统依然存在于现今的服饰制作中？历史服饰在多大程度上成为你的灵感来源？

在许多层面上而言，我们的工艺来自传统。

时常如此。

14. 关于历史（变迁）

开始新的设计时，你需要克服的最大障碍是什么？过往的设计师之中(那些已经不再推出新的设计系列),你看重谁,并曾受到谁的影响？

从独立状态开始，并保持独立状态。

无论是过去还是现在，那些用真实可靠的态度对待工作的人。

15. 关于密码（社交）

很大程度上，传统服饰是被社会规范定义的。旧的社会规范可能已经发展与调整了，但依然能在我们现在的穿着中看到。你认可这些社会规范吗？你会有意用你的设计打破某些社会规范吗？

不是绝对地认可，但是通常是的。

当我们可以的时候就打破它。

16. 关于裸露（隐形的身体）

公开裸露身体依然是禁忌。衣服被用来遮盖身体。然而，衣服也有展示身体的功能，有时衣服反而强调了裸露。对你而言，被遮盖或暴露的裸体在服饰设计中重要吗？

许多态度或状态是有其特定时刻的。

17. 关于材料（第二层皮肤）

服装被我们当作第二层皮肤。面料的材质与使用方式，不仅定义了视觉外观，也展现了材质是如何被使用、穿着以及它们带来的感受。在设计过程中，面料的选择是个重要环节吗？你的设计流程是怎样开始的？是从材料开始然后关注结构，或者反过来？你对材料的选择是从实用角度出发，还是源自你的创造性思维模式？

与其说服装是第二层皮肤，不如说是最后一层。

18. 关于工艺（剪裁）

舒适度、剪裁、量体裁衣，它们对你而言有多重要？

非常重要。

19. 关于变形（雕塑）

穿了衣服的人体是转换了形式的裸体。某些特定的服饰能增强它的塑形功能。人体可以是对材料与廓形进行更为抽象研究的理由。你有没有这样设想过，当你设计的服饰被人穿着时就成为移动的雕塑？

几个部分融合在一起后才会出现结果，是服饰与穿着者融为一体后的结果，而不是作为几个独立个体同时共存。

20. 关于身体（模型）

服饰的主要基本功能是对人体的暴露或遮盖，使之可见或不可见，人体也是模型之一。
人体能够决定服饰的最终形式。然而，服饰也成了身体的模型。我们可以用服饰尺码来描述人体。你是否将自己视为新式人体或模型的创作者？对人体、人体模型乃至人类进行重新创作？

我们很开心自己能跟随灵感去创作服饰，并能一定程度上启发别人……
我们对此感到愉快，就这样。

21. 关于身份（非同一性）

时尚能挑战身份认同感吗？时尚有没有尝试挑战某类身份，甚至废除它们？是否能将时尚作为身份的对立面来谈论？时尚是一种不断的努力，目的是不让人陷入同样的旧模式之中？

我们提出了自己的想法，并且很高兴能被人理解。

22. 关于身份（习惯）

22a. 作为社会规范的表达形式，服饰可以被视为一种类似语言的表达方式，它能定义特定身份。你觉得服装能定义人们的身份吗？服装设计师能干涉这种定义过程吗？时尚能产生认同感吗？你会不会将时尚看作对新的、更为现代的身份的回应？时尚是否应该遵从身份定义这个游戏？或者说这是一个持续不断的交换过程？

设计师能帮人完成身份定义。
设计师提供服装，但穿服装的总归是别人。
这是一个持续性的交换改变。

22b. 因为自身强烈的社会属性的本能，人们有群体认同心理。通过创建自己的文化、仪式与形象，这些群体努力加强内部的联系。你觉得时尚也参与其中了吗？能聊时尚群体吗？

是的。
有可能。

23. 关于雌雄同体（性别）

服饰的功能之一是重新定义人体性别，从视觉上改变身体的生理性别。服饰能加强或弱化穿衣人的性别，或者，它能产生一系列更为中性化的性别身份。你怎么看待服饰的性别对立性以及这种对立性的消失？

我们觉得，服饰的功能被夸大了。我们并不认同老话说的“人靠衣装”。

24. 关于配饰（附件）

如果把“身份定义”视为一个游戏，那么配饰扮演着重要的角色，因为我们无法将它与身体分割，因为它自带恋物属性。在一些原始部落里，人们并不是通过服装展示地位，而是通过身上的配饰。在当代时尚世界里，配饰被视为锦上添花之物，有时甚至能通过配饰展现出反讽的态度。最重要的是，配饰与服装之间要有强有力的互补。在你看来，配饰在设计中处于怎样的位置？有些人选择成为配饰设计师，你也认为配饰设计是个单独的专业类别吗？因为配饰无法展现更宏大的形象，你是否觉得在时尚的世界里，配饰是低段位的？

很多配饰是有功能性的，但是怎么使用这些功能就是人们自己的事儿了。

25. 关于诱惑（目标）

唤醒欲望，挑逗诱惑，似乎成为时尚重要的功能之一。法国哲学家让·鲍德里亚（Jean Baudrillard）对诱惑的定义是：主体对客体的渴望。他认为，物体的惯性产生欲望。本质上，客体只是客观存在，并没有和主体有沟通。对“新”的定义里也具有相同特点。你是否认为时尚的诱惑性是和新颖性相关联的？在你看来，是什么吸引人们跟随时尚，换言之就是人们为何会从你的设计中选购服饰？

缺乏细节事例，无法证明有这样的规律。

26. 关于媒体（叙事）

只有特定人群才会反复观看每一季里不同的时装秀的细节。媒体（报纸、杂志、电视等）让我们能跟上每季的流行。时尚历史也不断被他们撰写出来。公关与媒体记者变成重要人物。你是否同意这样的观点：没有媒体，时尚就无法发挥作用？你是否认为，时尚创意和家喻户晓的传播之间是对立的？是否因为没有媒体报道，所以某个设计系列才没人注意？在比利时时尚教育中，媒体扮演怎样的角色？

不是的。
有时如此，并非总是如此。
是的。
媒体有能力打开一扇门，然而一季又一季，从这门里走出的是一个整体：设计师、商店所有者、服装、穿着者、媒体。

27．关于公众（市场）

时尚是门生意。时尚业生产大量的服饰，但是即便是设计师的作品，决定生死的也是最终的销售量。时尚业的观众也是它的目标市场。你认为，观众是时尚的盟友吗，因为他们能支持并推动“前卫”的发展？或者对于时尚这样一个不断创新的产业而言，市场是种阻力？

当然了。
就我们的经验而言，市场不是阻力。

28．关于机遇（走出国门）

相较而言，很多比利时设计师在国外更成功一些，比如在日本。这是一个比较新的现象。这种成功有没有创造出更多机会呢？我们是否可以将这种现象视为比利时时尚产业发展到现阶段的必然状态？国际范围内的成功有没有为年轻一代带来更多机会？

我们希望能带来更多机会。
不仅仅是日本市场，而是所有国际市场都是必须的。
我们自然希望如此。

29．关于环境（催化剂）

在时尚产业的背后，有些人是获得成功的关键。为了传播与展示时尚，需要在推广、组织、物流各个环节做出努力。通过造型师、摄影师、化妆师、模特经纪、平面设计师等人的共同努力，大多数观众才能接触到最新时尚。他们在你成功的那些设计系列中占多大比重？能举例关键人物吗？你怎么与他们合作？他们对如今的比利时时尚的贡献重要吗？

我们很高兴能在一起合作成为一个团队，我们共同努力提出建设性意见和观点，面对和解决问题，这是每一个系列成功的关键因素。
太多人了，难以列举。
只要有可能，就尽可能多地合作。
是的，很重要。

30．关于培训（学徒制）

有些时尚学院与当下的比利时时尚有着密切的关联性，比如布鲁塞尔的坎布雷国立视觉艺术高等学院与安特卫普皇家艺术学院。这是成功的秘密吗？或者你觉得，相较于在学院学习，学徒制度（实习期，为成熟的设计师打工）更为重要吗？

教育与职业发展道路上的每一步都是有意义的。

栗野宏文:“时装秀往往是商业项目而不是创意活动。例如：（1）一家公司推出一款新式弹性面料。（2）设计师们在他们的创作中使用了这种面料，并展示在发布会上。（3）记者夸赞这种面料是新时尚趋势。（4）人们购买这种面料制成的衣服，因为这样穿会很时髦。

“一场时装秀是生产界、创意界和媒体之间合作的一部分，这使时装产业变得非常强大。但是比利时的设计师似乎与这种常规的方式保持着一些距离。他们开始称呼他们的秀是一次演讲。即使在他成功建立商业化模式很久之后，德赖斯·范诺顿从没有死板又单一地展示着‘今年的趋势’，总是试图为他的秀创造一种情感背景。

“比利时设计师好像抓住了向世界发声的机会。有时观众会误解他们试图要说的话，但有时会理解。”

照片提供：Dries Van Noten

时装秀（竞技场）

BELGIAN

FASHION

DESIGN

Dries Van Noten，1996 年夏季女装系列。这场时装秀在一个空荡荡的游泳池里举行。整个场地弥漫着泳池特有的氯气味道。70 名模特中只有两名是专业模特。其他的 68 位女性来自各个年龄段，有着各自的身形尺码，这清楚地说明了德赖斯·范诺顿创作出来的衣服是为了实际穿着，而不仅仅是为了走秀。

德赖斯·范诺顿:“当你做展示时，会发布一个系列，秀就变得很重要。在秀当中你必须要塑造一个强有力的形象。我经常会试图表达出一种完整的心境，整个系列也是基于这种心境。秀也经历了演变；在过去，一个完整的系列就通过秀来展示，但是到今天已经发展成越来越纯粹的形象化，可以说更像是一个综合的系列。你越是倾注于系列的陈述部分，媒体就会越喜欢。而这个系列本身要展现的其他部分就不再受关注了。我个人更喜欢展示整个系列的丰富性和完整性，以提供建议。毕竟，我希望我的设计系列可以创建一个‘开放画面’，而这与如今人们对时装秀的期望相悖。问题是，秀上没‘对白’。一场秀仅仅 15 分钟，一个小细节可能会毁掉整场秀。所以一些微不足道的小事可以起决定性作用。你只有一次机会。这只是一次单向传达交流，所以心境很重要。”

安·迪穆拉米斯特:“‘秀’这个词对我不太有吸引力。但我认为秀是需要以真诚的方式呈现的，我的作品、我的主张和我的想法，这是很重要的。字面上秀会让人联想到拉斯维加斯的表演秀。我不想要虚假的。那不是一场精心打扮的舞会，也不是诸如‘我们要穿上这个或那个主题’ 的聚会。那是一种生活，一种工作。秀仅仅是一场我们之前的 6 个月所做的工作的展示。”

斯蒂芬·施耐德（Stephan Schneider）:“在我的系列里，走秀展示的每一件作品都会被投入生产，因为我不想前期走秀展示和后期商店出售的‘样子’之间存在着差异。”

伊曼纽尔·劳伦特（Emmanuel Laurent）:“在秀场之外，在我看来发布会最令人激动的部分是照片，比如抓拍，能使设计师的意图具体化，可以揭示他的设计理念或是讲述一个故事。更重要的是，照片容易被传播，而且往往经得起时间的考验。”

安·惠本斯（Ann Huybens）:“我认为一场秀上的人们（模特、人台等）是展示衣服的重要方面之一，因为这是一个非常感性的事件。如果没有人就会变得不一样了。我尝试过通过一部电影、一段视频来办秀，但是失去了真人展示该有的灵魂。”

奥利维尔·泰斯肯斯（Olivier Theyskens）:“在秀期间，设计师会像一个局外人，会像观众一样第一次看到这个系列发布。但也可以说设计师很少会看自己的秀。在现场和你在录像上看到的，那不是一样的感受。那么我应该重新回到那个时间段吗？这不可能。令人兴奋的是，我认为我能想象观众将会看到的和我不能看到的，因为我在后台。”

德克·比肯伯格:“十年前，一场时装秀非常激动人心，你绝对会出现在那里。当你终于找到一个座位坐到那里时，举止要得体，就像是教堂里的人。今天我觉得秀变成了例行公事……”

沃尔特·范贝伦东克:“我担心的是当一切都说了和做了，还是会有很多秀场前后发生的事情观众是看不到的。这是时装秀的不利之处。某些秀，包括一些我的秀，会让观众感受到激情。一旦人们看到衣服的设计要素和它们所包含的思想，观众对它们的记忆就很少了。一场秀可能会让人扭曲、误解设计师的意图，但是也会有一定优势。在秀上可以很简单地展示着衣服，T 恤衫，印花等，通过这样一种方式展示就没有人怀疑他们的高水准。所以你甚至可以故意蒙蔽别人的眼睛。”

弗朗辛·帕龙:“在比利时，时装秀总是很流行的。马丁·马吉拉已经将这事儿推向了极高的起点。他带我们进入了创作过程中。”

杰西·布鲁斯:“一场秀就是这样：是客户和媒体专享的，目的是介绍新的系列设计。它还给报纸和杂志提供图片和文本。换言之，就是纯粹的公关需要。经常会听说人们被一场秀感动得哭泣。这令我不太理解。除此之外，有好的秀，坏的秀和叫人难忘的秀。

“一场秀展示就像一幅画。衣服是画中的一部分。模特也是一样，她们被化妆成特定的模样，背景音乐，秀场场地也都只是一部分。就比利时的设计师们而言，秀场场地一般都会很差，通常在距离巴黎边远的地区，秀后你通常会松一口气，因为幸好天花板没有坍塌在你的头顶上。”

左图 _ 马丁·马吉拉的第一场秀，巴黎火车站咖啡馆（Café de la Gare），1988年10月，1989年夏季系列。模特们穿着该系列的服装离开展台走向人群。摄影：拉夫·库伦（Raf Coolen）

右图 _ 马丁·马吉拉的第一场秀，巴黎火车站咖啡馆。人们是被一份电报邀请而来的，这里是一个有长木凳的古老剧院。模特们离开伸展台走进了人群当中。她们踩在红色的油漆上，被染色的鞋底走过白色棉地毯留下印记，记录着模特们穿过人群的路线。音乐是重金属摇滚和20世纪70年代的柔和摇滚乐相互交替。用白色的塑料杯装着红酒招待来宾的传统是从这里开始的。头发松散地向前梳着，涂黑的眼影和红色的嘴唇。腿后用铅笔画出一条线模仿长丝袜后中线。摄影：罗纳德·斯图普斯

19
MONA

Dirk Van Saene, 1991 春夏系列秀。照片提供：Dirk Van Saene

德克·范沙恩："现实意义上来说，一场 T 台表演来展示一个新系列的主要目的是让媒体兴奋起来，因此他们会去报道这场秀和公布这场秀的秀场图！一点点的戏剧性的尝试会让这个秀不同于其他……"

"在坚持其显著性和特殊性的同时，时尚也渴望着可以结合并融合在一种文化里。如果时尚被完全接受并成为规则，它就会消亡。时尚需要一种狂欢式的仪式，以此来协调这些相对强烈的欲望。当一个人开始去迪斯科跳舞，观看特别的体育赛事，参加时装秀，或是打开音乐视频网站，也就是说，当一个人开始真正成为参与者而不只是旁观时尚所提倡的样貌和举止，这个人就会抵挡不住眼前的狂欢式的诱惑。在戏剧舞台的首次公众亮相（仅限于观看），这样的早期规范已经被超越，时尚从来不会疏远观众。像狂欢节一样，它们放弃剧院而来到市集广场，直接吸引着参与狂欢的人们：他们总是用第一人称说话。"

Val K. Warke, "Architecture. Observing the mechanisms of fashion," *Architecture: In Fashion*, Princeton Architectural Press, New York, 1994, pp.140-141

一场仪式

人类学告诉我们，大多数仪式都需要一些固定的条件来达成。首先，在时间和空间以及特定对象之间存在特殊关系。其次，一些基本的规则和一个基本会存在争议的原则，仪式不应该参与到任何有关商业价值的生产之中。因此，婆罗洲（Borneo）丛林里的生育舞和猎头仪式都符合这些人类学标准。时装表演也是如此（似乎什么都不是）。

时装秀与时间有着特殊的关系。一方面，它按照设定的时间举行，所有的设计师和创作者们都必须遵守日程表规定的时间；另一方面，时装秀是每年重复发生的现象，有其周期性。

同样，时装秀与空间也有着特殊的关系。空间的重要性在于出场的顺序是“排列好的”，有一个清楚界限把场内正在发生的和场外的一切事情划分开来。另外，设计师们很少会随机选择场地，在大多数情况下，场地的选择是一个至关重要的问题。

时装秀与特定对象的关系是非常明确的。时装秀被普遍认为是一场准拜物教（quasi-fetishistic）的盛大活动。

时装秀也会符合一些基本原则。

尽管这样的秀具有商业性质，并被视为销售手段，但它是不会产出任何商业价值的大型活动。祈雨舞作为一种仪式，是试图创造一个好收成所必需的条件，但是这种仪式的本身并不能产生收成。更进一步说，现在习惯的做法是将实际销售与时装秀分离开，这本身就加强了时装秀的仪式性。

时装秀是怎样一种仪式？一次祈雨舞上的祈求元素会使人们获得丰收？一个春节的仪式，能驱赶走冬季，在年末迎接新年的到来？一次有关特有文化的权利与财富的活动能使其地位巩固？

任何情况下都有迹象表明，每一季的变化都标志着潮流变化，传统的时装秀都是在各个时尚之都组织举办的；漂亮的年轻人们，就像新的幽灵，是我们西方文化循环再生（以及不朽）的体现。

一种转变

实际上，所要表演的内容集中体现在“时装秀”之中，是一种表达，表明在本质上这是一个广为人知的现象，也就是说，随着时间的推移，秀上表演的复杂性会增加。

“比利时设计师”对时装表演的内容做出了重要的贡献。他们的时装秀很可能被称为“创作”。表演的内容既不取决于传统，也不是不成文的时尚法则，而是由设计师本人决定。

这就是为什么时装秀可以在任何地方，任何时间并以任何方式举办。

迪特尔·苏尔斯（Dieter Suls）

Dirk Van Saene，1991 春夏系列秀。他们寄出一张宝丽来相片作为邀请卡，照片上的人是住在走秀场馆附近的居民，举着指示牌，上面写着“别忘了来看我的秀”。

左图 _Raf Simons，1998/1999 秋冬，摄影：马琳·丹尼尔斯(Marleen Daniels)&卡尔·布鲁因顿克斯(Carl Bruyndonckx)

右图 _Raf Simons，1999/2000 秋冬，摄影：马琳·丹尼尔斯 & 卡尔·布鲁因顿克斯

栗野宏文：“看了太多的时装秀，我有时会感觉很疲劳。对我来说那就是一次巨大的浪费。我认为其他人也一定会有同样的感觉，但他们依然还是会准备去参加另一场秀。我已经受够了，这种疯狂，这种对时尚的谈论，和那些不负责任的只为了追逐新闻的记者。这种‘为了时尚而时尚’的论调是毫无意义的。

“但也会有一些奇迹时刻。当我提到 1998 年和 1999 年 A.F. Vandevorst 的三场时装秀时，许多人会同意我的观点。当得知这是他们的第一次发布时，我们都非常惊讶；我感到被救治，被拯救，被治愈了。”

A.F. Vandevorst："对我们来说，一个设计系列的开发是很重要的。秀仅仅是一个场地和一个时刻，我们可以借此向外界展示我们的服装系列。"

格迪·埃施（Gerdi Esch）："秀不仅是展示服装，也是一次声明。秀是设计师和他的设计系列形象展示的一部分。秀的布局设置应该依照设计系列的理念和灵感来源。【并且，如果这个秀只是面向媒体和买手（专业人士），我想他们会理解秀的风格。即使人们对服装的注意力会被秀场风格分散。】比利时的设计师们是大师级别的，他们擅长做这种事。"

上图_A.F. Vandevorst，1998/1999秋冬，摄影：艾蒂安·托多尔（Etienne Tordoir）

下图_Véronique Leroy，1994春夏，图片提供：Véronique Leroy

对页图_Maison Martin Margiela，1997春夏。没有走秀。在巴黎18区吕埃勒路2号展厅主要区域放置了白色装饰。地板上"种"上了成片的仿真向日葵。服装系列的销售和新闻发布会都在这片花丛中进行。在一段视频里，两名女性穿着这个系列的服装，走在展厅的过道上和周围的走廊上，镜头切换穿插展示着"工作室"制衣的片段。衣服和此系列的主题是通过口头陈述，视频中和展示间的模特身穿特定的组合搭配向到访者展示。轻柔的管弦乐"Muzak"在整个空间回荡着。摄影：玛丽娜·福斯特（Marina Faust）

COLLECTION
ARGIELA
R 94/95
RE 1994
EVENEMENT
TION

Maison Martin Margiela, 1994/1995 秋冬。当地时间 9 月 7 日下午 7 点，在巴黎（4 场）、伦敦、纽约、东京、米兰和波恩（Bonn）6 个城市的商店里，同时发布 9 场店内陈列展示秀。晚上 7 点，10 名女性站在商店橱窗里，撕掉附在橱窗上的纸，露出所要展示的成套服装。这些是当时在巴黎春天百货发布展示时的照片。摄影：安德斯·埃德斯特伦（Anders Edström）

栗野宏文：“我被邀请在我东京的店内组织发布这场活动，这是一次奇妙的和令人激动的体验。在这样一个积极的氛围中，与世界各地的人同时向外发出了非常有力的信息。以我经验看，与其说这是一次时尚活动，倒不如说这是一次政治宣言。”

摄影：玛丽娜·福斯特

马丁·马吉拉："1998 年的夏季系列，我们探讨了二维服装在人体上转变成为三维的效果。"

Maison Martin Margiela，1998 春夏，1997 年 10 月，巴黎古监狱（La Conciergerie）。（译者注：全称为巴黎裁判所附属监狱，建于 14 世纪，原是法国皇家豪华寝宫，在 1391 年改为关押普通罪犯及政治犯的监狱。这里曾经有 2600 名贵族，许多人都从这里走向断头台。最著名的囚犯包括路易十六的玛丽皇后、丹东和罗伯斯庇尔等。）20 个不同年龄的男人举起挂着衣服的衣架，近距离展示给众人，衣服也通过视频展示，文字解释被投射在用白色棉花覆盖的 5 个塔楼上。

摄影：玛丽娜·福斯特

转变（戏剧）

BELGIAN

FASHION

DESIGN

“在时尚进程的第二阶段，当信息首次面向公众时，还需要一点距离感：形式还没有磨合好，公众的接受度亦是未知。对一次精心安排的舞台仪式而言，戏剧化是必须的。时装秀为服装提供了这种环境……”

Val K. Warke, “ Architecture. Observing the mechanisms of fashion”, *Architecture: In Fashion,* Princeton Architectural Press, New York, 1994, p.135

Maison Martin Margiela，1992 夏季系列秀。“圣马丁”地铁站，自 1939 年已停止使用。一共使用了 1 600 根蜂蜡教堂式蜡烛，照亮了三段主要楼梯。摄影：芭芭拉·卡茨（Barbara Katz）

Dirk Van Saene, 1991/1992 秋冬秀。洛拉（Lola）（不被世人所知的安特卫普C调唱腔“表演艺术家”）在秀场上 / 派对上演唱，“布宜诺斯艾利斯之路（Trottoirs de Buenos Aires）”37号，伦巴第街（rue des Lombards），750001，巴黎。摄影：罗纳德·斯图普斯

米沙尔·格拉（Michaël Guerra）：“戏剧化的精神对服装系列的发布展示是很重要的。这是一个可以将观众带入到梦境与奇幻世界中的时刻。这是一个可以令观众完全脱离现实的短暂时刻。这样的秀还可以将这个系列推向令人赞叹的程度，使其更具吸引力，乃至遥不可及。”

琳恩 · 肯普斯：“你在秀上所看到的衣服不一定都会出现在商店里，但这不一定就是无意义的。秀是为了能理解和解释这些设计的专业人士而组织的，而这场秀所要传达的情绪和灵感来源要比展示一条裙子的长短，上面有几粒扣子或是多久的制作时间这些信息更重要。我比较喜欢一场秀所带来的情感，而不是一堆具体细节信息。在一场秀结束后，如果我感到愤怒、感动或高兴，那么这场秀就是成功的，这场秀会迫使我从另外一种角度去看衣服。”

左图 _Walter Van Beirendonck W.&L.T.，对美的迷恋（A Fetish for Beauty），1998 年夏季。心情 #3：来自外太空的鸟类：40 名舞者，其中有 20 名身穿炫目晚礼服，梳着优雅发式的女生，带着绿红面具和绿色橡胶制手套。摄影：F·杜穆林（F.Dumoulin）

右图 _Maison Martin Margiela，1998/1999 秋冬系列发布展示。三个同时放映的视频里分别展现三位女性，每个人都穿着该系列的服装。摄像：马克·伯希维克（Mark Borthwick）摄影：埃德·埃斯特罗姆（Ed Edström）

对页上图_Walter Van Beirendonck, W.&L.T.,“天堂娱乐产品（Paradise Pleasure Productions）”, 1995/1996 秋冬。观众坐在一个围绕着透明的伸展台“黑色箱子”里。两侧是投影，投射出标语和“自然”风景的图片。最后一幕：一侧的箱子倒塌，120 个模特（看起来像摔跤选手或测试用的碰撞假人）列队站在一个巨大的舞台上。摄影：克里斯·鲁格（Chris Rügge）

对页下图_Walter Van Beirendonck, W.&L.T.,“彩虹的另一端——克隆展（the Cologne Show）”, 1995 年夏季。场景布置：莱茵河畔的一个喷泉，在那里打造了一个巨大的白色“婚礼蛋糕”式的伸展台。120 位模特走在“水上”然后爬上那个大蛋糕一样的伸展台。在最后，所有的模特站在 9 米高的圆形台上摆姿势，然后喷泉开始“跳舞”。摄影：罗纳德·斯图普斯

本页上图_Walter Van Beirendonck, W.&L.T.,“杀手 / 星际旅行者 / 4DHi-D（Killer/Astral Traveler/4DHi-D）”, 1996 年夏季。巴黎著名的丽都夜总会（Lido Night Club）。丽都夜总会的部分表演内容被纳入时装秀。这张图展示了杀手造型：5 名肌肉型黑人模特戴着彩色的太空式的假发。摄影：克里斯·鲁格

本页下图_Walter Van Beirendonck, W.&L.T.,“信仰（believe）”, 1998/1999 冬季系列。在手电筒的辅助下，观众进入了一个完全黑暗的大堂。这个大堂是“裸体的”，仅有一面墙挂着一块黄色荧光幕帘。在长椅之间有一条长约 1 英里的电光蓝 T 台，用纯白的灯光照亮。在秀的最后一段，幕帘被拉开，展现了一个童话世界，精灵们正目不转睛地俯视着观众。摄影：科里纳·勒卡（Corina Lecca）

沃尔特 · 范贝伦东克：“一场秀的最后部分是非常重要的时刻。在短时间内会给你一种超越空间和时间的更强有力的感觉。会给到你很多在其他媒体或是其他形式的展示中不会有的机会。我发现准备一场秀是很愉快的工作。这是一次更详细了解和实现幻想的机会。幸运的是，我经常会获得大笔的预算费用，因此我可以很充分地享受其中。”

图片提供：Dirk Van Saene

德克·范沙恩 (DIRK VAN SAENE)

1990/1991秋冬，
毛料紧身连衣裤。
上部：橡胶背心。
上部：肩袢（通常用在夹克上的肩部裁片）拼接长羊毛袖。
胳膊上缠绕的橡胶带，起到一种类似于珠宝的装饰效果。

左上图_1990/1991秋冬，长款牛仔工装裤。用松紧带编织成的背心。“儿童小花脸”样的妆容：在眼睑处用圆珠笔画上交叉条纹。

右上图_1991春夏
一件二手格子夹克上绘有较宽的菱形线条。用绑带制成的长裙。_特邀模特：安·范德沃斯特（An Vandevorst）。

左下图_1991春夏
像洗碗布式样的长款经编裙。上部：夹克是用无纺布制成的。

右下图_1991春夏
全身穿着“闪亮网纱”。上部：乳胶背心，用达美（Dymo）条码带包边。_嘉宾模特：化妆师英奇·格罗纳德

德克·范沙恩总是用一种很跳跃的方式表达他的时尚理念，似乎这种方式只能在展示现场才能被捕捉到，它导致的结果就像是混乱中突然的急转，让我们看到了意想不到的服装和不断变化的设计系列。

这些年来，在反复尝试的过程中，他的疯狂已经让步给更稳步的发展，并且现在他已经建立起了国际分销渠道和声誉。

1981 年，他毕业于安特卫普皇家艺术学院，并且大胆开设了自己的精品店“美人 & 英雄”。他在店里出售自己的设计作品，直到在金纺锤大奖赛上揽获了几乎所有的奖项。第二年，作为“安特卫普六君子”中的一员，他在伦敦参加了“英国设计师展”，并在 1989 年参加了他们的集合展。后来，在 1990 年和 1991 年，他们共享在巴黎的展厅，举办了展览。1990 年 3 月，他发布了自己的首场巴黎时装秀。

作为一个激进的唯美主义者，他是为数不多的时尚“进攻”型设计师之一，严谨的裁剪方式让作品具有丰富的信息和快速延续的影响力。一个时装系列可能包含了一系列的想法，这些想法足够他用整个设计生涯去实现。正如他自己说的，他为此付出了全部。

因此，他有时被称为是一个拥有九条命的男人，反复无常，难以捉摸……

德克·范沙恩紧密贴合时尚的本质：剪裁。此外，他工作中有一股冲劲，不在乎任何理性或虚构的表现方法。他的设计系列里存在一些辩证意象，但总是会带有讽刺意味。在 1990/1991 秋冬他的第一场巴黎发布秀上，他的工作人员穿着印有他名字的 T 恤衫，这些名字有不同的拼写错误。

1998/1999 冬季的“伪造剪裁”系列取名为“黑色西西”系列，产品目录的拍摄背景是舒适的奥地利阿尔卑斯山，模特则是黑色人台。

人们无法在他的设计系列里寻找到不变的、符合逻辑发展的痕迹。如一些出自“范沙恩变异”系列的衣服：在“伪造剪裁”系列中，翻领与领子有缝线，看似各自独立的裁片又合成一件衣服。这种朴素优美的“蚀刻”作品早在上一季（1998 年夏）已经出现了，那是一个忙于转变的系列。

上图_1991/1992秋冬，模特穿着的长款衬衫裙。_上部：钩针编织夹克。_下部：格子迷你裙。摄影：罗纳德·斯图普斯

下图_1991/1992秋冬

对页图_1991/1992秋冬，图片提供：Dirk Van Saene

每一件衣服都不是看起来那么简单，每一件都可以转变成为另一种形式，或不同的方式穿着。在秀场上，模特们的蜕变不是在幕后发生的：在伸展台上，在公众的视线里，她们穿衣服，化妆，做发型。1999 年的夏季系列像是去参加乡村聚会，纯白的，天真无邪的；用简单的纯棉织物制成，带有一种淳朴和自然的感觉，灵感源于黛安·阿勃斯（Diane Arbus）拍摄的一系列无标题的照片。这些照片里展示的是患有精神障碍疾病的成年人们，穿戴整齐去参加万圣节舞会。除此之外，他保留了一部分“伪造剪裁”系列的元素，又提出“缩到合身”的观点：衣服被裁剪得过于宽大时，可以用热水清洗将衣服缩水到“标准”尺寸。通过计算缩水率，这样就既可以穿着“未水洗”的特大号衣服，也可以把它水洗到合身。

比尔·坎宁汉（Bill Cunningham）曾给《纽约时报》写过关于 1991 年夏季系列的报道：

“范沙恩先生服装的出众在其具有一种温文尔雅的芳香气息，就像远处有高山草甸的瑞士小院里晾晒的衣服所散发的那种气息。”

这一句评论精准地概括了德克·范沙恩的精湛制衣工艺。无论他设计的结构有多复杂和别出心裁，无论衣服完成得多么完美，无论衣服的外观有多么不着边际或是出人意料，他总能成功地在衣服中捕捉到陪伴、即兴、嬉闹的感觉，那几乎是纺织物最天然完整的呈现。

黑色西西（Black Sissi）

“我的设计系列是以工艺技术为基础。我会用工艺去测试实践一些最原始的概念。当我最终确定我的原型时，我经常会面临技术问题。我总是在寻找最好的解决方法。这种方法有可能是非常传统的，但也可能是全新的。这一点也没关系，重要的是结果。”

1998/1999 秋冬，摄影：Dirk Van Saene

1999夏季系列_这个系列看起来像是去参加乡村聚会，洁白无瑕，天真烂漫；用简单的纯棉织物制成，带有一种淳朴和自然的感觉，灵感源于黛安·阿勃斯拍摄的一系列无标题的照片。这些照片里展示的是患有精神障碍疾病的成年人们，穿着齐备去参加万圣节舞会……摄影：罗纳德·斯图普斯

对页图_1999/2000秋冬，摄影：艾蒂安·托多尔

“我妈妈会告诉你关于我妈妈的事。”1994年4月*The Face*。

本页图摄影：伊内兹·范拉姆斯韦德（Inez van Lamsweerde）&
维努德·马塔丁（Vinoodh Matadin）

“你以为我们是小孩子。” 1994年4月*The Face*。

薇洛妮克·勒鲁瓦（VÉRONIQUE LEROY）

“他们给我氧气……”1994年4月*The Face*。

“其实basuco基本上是可乐和煤油混合的……”1994年4月*The Face*。

薇洛妮克·勒鲁瓦工作在巴黎，在1989年金纺锤大奖赛中获胜。她是获奖人中第一位也是唯一的非安特卫普皇家艺术学院的毕业生（她曾在巴黎Studio Berçot学习）。她曾为阿瑟丁·阿拉亚 (Azzedine Alaia)和马丁斯特本(Martine Sitbon) 担任设计助理。1991年她发布了个人首个设计系列。

柯尔斯顿（Kirsten），*Maxmixte* 杂志，1998年秋。摄影：伊内兹·范拉姆斯韦德 & 维努德·马塔丁

薇洛妮克·勒鲁瓦已经发展出自己的鲜明标识，看似放松的激进和对趋势与前卫的厌恶。她的设计非常女性化和性感。她是彻底的“不经意的”优雅的代表，当时尚界仍然由极简主义支配时，她已经在追求一种毫不妥协的“光辉的感觉”。

汉娜萝蕾（Hannelore），*Numéro*，1991 年 1 月。摄影：伊内兹·范拉姆斯韦德 & 维努德·马塔丁

她可以将任何所谓“好”品味庸俗化，使之成为“卓越的庸俗”。她用最常见的材料取代了“贵族”材料，她很珍视这些材料的应用，并以此来提升自己的创作。她用的材料如金银丝提花面料、乙烯基（PVC 的一种）、涤纶和人造毛，或是人造皮革，上面有从食肉动物到有袋类动物的叠加印花面料。

卡洛琳·德麦格雷（Caroline de Maigret），*Numéro*，1999 年 5 月。摄影：伊内兹·范拉姆斯韦德 & 维努德·马塔丁

继续加入明亮色彩，如粉色、苹果绿与金色。这就完成了吗？不，她要一切都尽善尽美。正如斯蒂芬妮·科恩（Stéphanie Cohen）的诗歌：她的灵魂不是黑色的，她的皮肤不是白色的。/ 她是各种颜色的，远离潮流。/ 她的生活不是明确的，她的时尚不是一朵玫瑰，/ 她的表达是清晰的——对于能听懂她的人来说。

安贝·瓦莱塔（Amber Walletta），*Harper's Bazaar*，1999 年 8 月。摄影：伊内兹·范拉姆斯韦德 & 维努德·马塔丁

德克·比肯伯格：“对我来说最重要的是表达，即便这种语言没有任何词汇。你可以用衣服来精准地突出重点，或者表现特殊的幻想和幻象。设计师会将梦境变为现实。”

伊曼纽尔·劳伦特：“我使用的元素包含很多含义，但是我更倾向于开放阐释，而不是将信息极端简化。”

德克·范沙恩：“一个系列必须有一个概念，一个灵魂。一切都必须结合在一起，一切都必须与灵魂相关。你用一个系列去和一个特定的群体交流，这些人对展示在他们面前的任何事物都很敏感。一个有灵魂的系列绝对不会是一个无意义的表达。每一个人都是独立的，他决定了自己的衣服所要表达的信息。”

沃尔特·范贝伦东克：“一场秀不仅仅只是展示一个系列，因为秀能展现更多主题，但秀没有系列重要，因此在秀的最后，有时会失去要表达的本质。事实上在我看来，大众对这种场合里表达出来的主题并没有兴趣。他们更像是为了来报个到亮个相。你经常会听到这样的评论——甚至有时我会觉得这是一个带有歧视性的反应——‘这很无聊。就是一群跳上跳下的人。’问题是观众期望更多而不只是展示衣服，他们想要一些精彩的表演。但是如果应用戏剧化的效果来弥补内容的不足，我认为是步入歧途，是错的。假如一场秀通过把各路明星拉上台走秀以得到宣传帮助，那人们是在看明星们而不是衣服……”

栗野宏文：“俗话说误解也是一种理解。因此如果一个人试图去解读，去领会一个‘意义’，然后，对这个当初只关注一件衬衫长度的人来说，这场时装秀就会变得更有趣。

“时装秀作为一个重要的表演现象开始于 Comme des Garçons，并且马丁·马吉拉也开始加剧了它的发展。他推出非常复杂和创新的时装秀，但他的秀更具有深远的影响力而不只是作秀。

”我总是为他的革命性态度而感到惊讶。他让我联想到了让－吕克·戈达尔（Jean-Luc Godard），他不断打破所有规则，其中也包括他自己定的规则，通过工作，他逐步创建出了强烈的创作风格。

“即使是为 Hermès 设计的系列，马吉拉也会有意地在相连的两个系列里保持相同设计理念，这会让那些资产阶级客人因为穿着上一季服饰而感到不安。与此同时，马吉拉为 Hermès 的顾客提供了一种新的保守风格，这需要顾客有宽容开放又进取的心态。”

左上图 _Maison Martin Margiela，1996 春夏 _ 视觉陷阱（Trompe l'œuil）。棉质衬衫，采用了 T 恤的结构，并且打印出狩猎夹克的效果。摄影：玛丽娜·福斯特

左下图 _Dirk Van Saene，1990/1991 秋冬 _ 视觉陷阱。连体紧身衣。照片提供：Dirk Van Saene

“设计这事儿从来都不是天真无邪的，它让事物超越了自身价值，若执迷于语言则是灭亡。”

Jean Baudrillard, *Cool Memories*, Galilée, Paris, 1987, p.51

语言（连接）

BELGIAN

FASHION

DESIGN

Ann Demeulemeester, 1998 春夏
摄影：克里斯·摩尔（Chris Moore）

A PURE PLEASURE PRODUCT • SYNTHETIC HELL • RAINBOWLAND • SERIAL KILLER • KILL • KILLER • YOU CAN KILL TOO! •

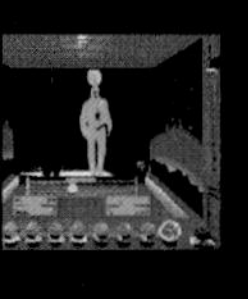

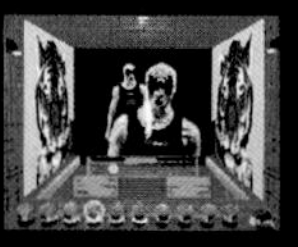

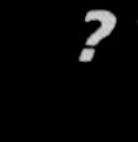
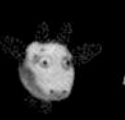

BELGIAN

EXTRACTS CD-ROM 1 · COLLECTION WINTER 95-96

DEEP KICK • ULTIMATE EARTH BEAUTY • VIRTUAL CROSS DRESSING • FATAL ATTRACTION • TICK TICK • POOR Hi-D • LUST •

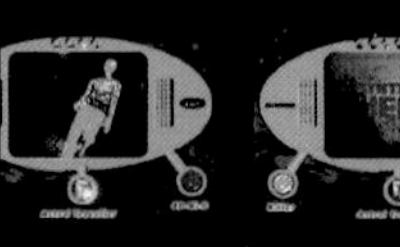

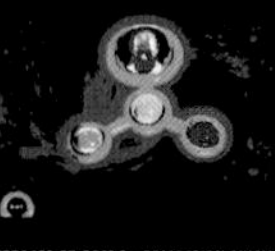
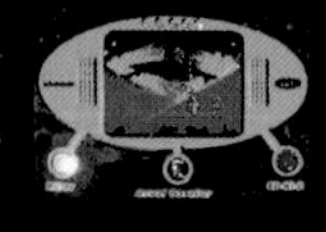
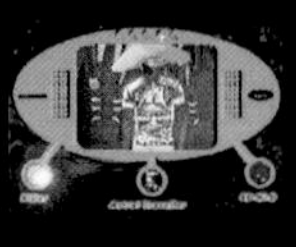

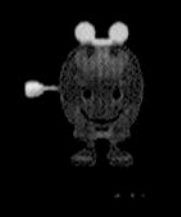

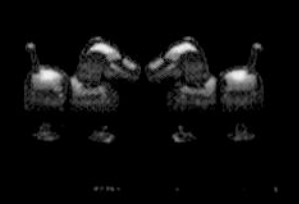
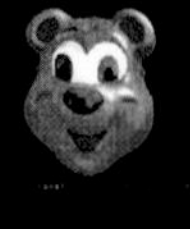

EXTRACTS CD-ROM 2 · COLLECTION SUMMER 96

LITTLE EARTHLY RELICTS • ASTRAL BEAUTY • 4DHiD • EVEN LOVE CAN KILL • SUNSET DOESN'T MEAN WE LOSE THE SUN • BLOW JOB •

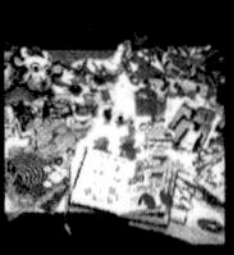
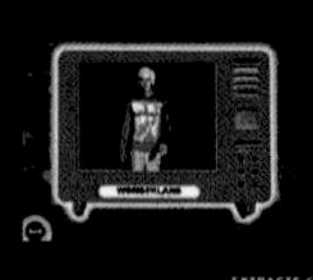

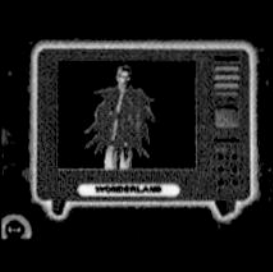
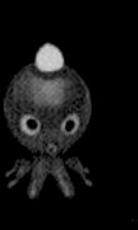

EXTRACTS CD-ROM 3 (IN CONSTRUCTION) · COLLECTION WINTER 96-97

SPACE BAMBIE • KINKY KINGS • SHARING VISIONS • COLOR STARS • GET OFF MY DICK • HELLRAISER • TRUE ROMANCE •

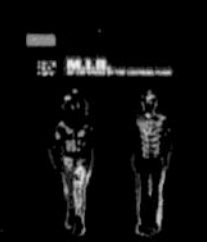

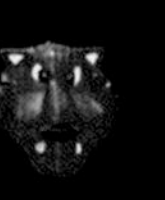

FASHION

EXTRACTS W.&L.T.-INTERNET SITE · COLLECTION SUMMER 97

WELCOME LITTLE STRANGER • CREATE YOUR AVATAR • KISS THE FUTURE! • I'M CUTE • I'M BEAUTIFUL • I'M A MONSTER • KISS THE FUTURE! •

Walter Van Beirendonck_页面来自《时间和方式》（*Il Tempo e la Moda*），佛罗伦萨双年展目录，1996 年。

栗野宏文："1999 年，马丁 · 马吉拉举办了他最大规模的一次发布展示，但是没有秀，或是主题。我们只能理解他的意图是让这一系列被视为经典，独立在时间之外，延续到下个世纪。"

德克 · 范沙恩："语言是主观的。在每一个设计中我试图保持一种'中立'。当然每一件设计都各具特点，这些特点可以自由灵活地去适应穿着者的需要。"

安 · 迪穆拉米斯特："也许我没有真的意识到我的衣服会被'阅读'这一事实。另一方面，我们不会光着身子走来走去，衣着确实会影响人的第一印象。当然，服装是一种信息的来源。不管服装暗示的信息是对或错都不要紧。有些人对待自己的衣服很诚实，而另一些人会'盛装打扮'。他们是完全不同的故事，但其中一些人会很容易被看穿。"

卡特 · 提利："这个系列自然是一个传记故事，是有关每一位女性的传记故事。它展现的是你的生活，你的实践与错误，你的痛苦，你的美好时刻……我试图去表达这一切，而这种'翻译'是永久性的探索过程。但我认为我的研究同其他试图给出概念形态的创作者，如作家和建筑师们没有什么不同。"

DESIGN

弗朗辛 · 帕龙："比利时风格指的是一种亲密关系，直指拥护者的极端性格。"

索尼亚 · 诺尔："对我来说，比利时人的着装代表着自身的言论自由。"

格迪 · 埃施："时尚是一种语言，更重要的是，这是世界通用的语言。"

利夫·范甘普 (LIEVE VAN GORP)

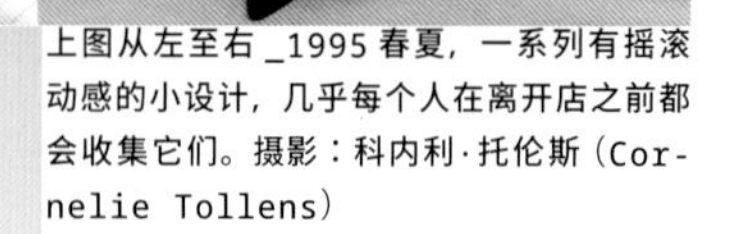

上图从左至右_1995春夏，一系列有摇滚动感的小设计，几乎每个人在离开店之前都会收集它们。摄影：科内利·托伦斯（Cornelie Tollens）

1997秋冬。夹克用人类的头发制成，40 ms of hair = 1 human life。

1997春夏

1997春夏，摄影：吉列斯·施皮普斯（Gillesz Schippers）

中间图从左至右_1997/1998秋冬，摄影：吉列斯·施皮普斯

1997/1998秋冬，摄影：吉列斯·施皮普斯

1999春夏，哥特式摇滚+经典，摄影：阿斯特丽·朱伊德马（Astrid Zuidema）

下图从左至右_1998春夏，摄影：罗纳德·斯图普斯

1998春夏，“我们的少女帮（Our girlie gang）”摄影：阿斯特丽·朱伊德马

1998/1999秋冬，受害者或英雄？
选出你最喜欢的英雄，这事儿从来没有这么有趣过！
图片提供：Lieve Van Gorp

对页图摄影：阿斯特丽·朱伊德马

Victim
or Hero?
Victim
or Hero?

第一次对时尚有感觉："3000 名天主教孩子，穿着一样的制服，想象一下就会觉得恐怖！把这些衣服改制成我个人的风格——在制度内的叛逆——是我第一次关于时尚的冥想。我的衬衫和袜子（规定是白色的），但是为了颜色搭配，我会穿一些柔和的颜色像是粉色或是黄色。我的有力借口是这是我母亲'意外'将我的白色衣物和一些深色衣物混在一起洗了……我还会用曲别针别着一个小物件像是木偶或颜色鲜艳的带子在我的校服上，看起来更个性化。"

利夫·范甘普第一次对时尚有感觉是在她上高中的时候。为了让自己区别于其他的学生，她在自己的校服上添加了个人风格，增加了一些色彩搭配和小饰品……这些举动是她迈向时尚职业的第一步。

1987 年，范甘普从安特卫普皇家艺术学院毕业，获得时装设计学位。之后她为很多高街品牌做过造型工作，1991 年她推出了自己的首个皮革配饰系列，主要是皮带和包包。

直到 1995 年 3 月她完成一个完整的女装成衣系列。不久之后她在安特卫普开办了自己的时装店，1997 年 1 月，推出男装系列。在这忙碌发展的几年期间，她还在以前的学校担任教师职务。

1999 年 3 月，她在巴黎发布了第一场女装和男装混合秀。她的男装系列源于女装线的概念。元素被重复使用，这使得男装系列看上去像是"落后"一季。尽管使用了相似的元素，但男女系列明显不同。女装系列是三维立体的，使用了垂坠感的工艺来强调身体的形态，突出胸部和腰。另一方面，男装系列是纯粹二维的，就是传统的和简单的结构—— 正面和背面。

皮革是她第一次做配饰应用的材料，此后一直应用在服装和各种配饰中——包、钱包、皮带、女士手提包、手环、领带和其他异想天开的设计。使用的主要颜色是淡蓝色、黑色和白色，以及一系列灰色。

利夫·范甘普的设计系列融合了天主教的象征和对摇滚乐的狂热。这种混合被细致地表现在其"商品推销和陈列"中。海报、骷髅胸针、字母'L'，是她的金字招牌。她说："在梦里，我是一个摇滚巨星，但不幸的是我不能'唱'。"利夫·范甘普提到她以摇滚乐和乡村 & 西部音乐作为灵感来源，喜欢任性的女人们，比如麦当娜、科特妮·洛夫（Courtney Love）、凯蒂莲（K.D. Lang）、佩茜·克莱恩（Patsy Cline）、Skunk Anansie 乐队、帕特丽夏·赫斯特或是帕蒂·赫斯特（Patricia Hearst/Patty Hearst），偏爱的男性形象是耶稣基督、切·格瓦拉（Che Guevara）、威利·德维尔（Willy De Ville）和猫王埃尔维斯·普雷斯利（Elvis Presley）。

研究设计创作的多样性是利夫·范甘普的强项。情感与侵略，温柔与束缚，电影与现实生活的较量，男人与女人之间的一切，保守主义与前卫派，传统与创新，皮革，爱与信仰，哥特式摇滚与古典风格……这些都是利夫·范甘普的一部分。

1999/2000 秋冬，摄影：拉夫·库伦

对页图 _1999 年春夏，摄影：保罗·贝拉特（Paul Bellaart）

简·韦尔瓦尔特（JAN WELVAERT）

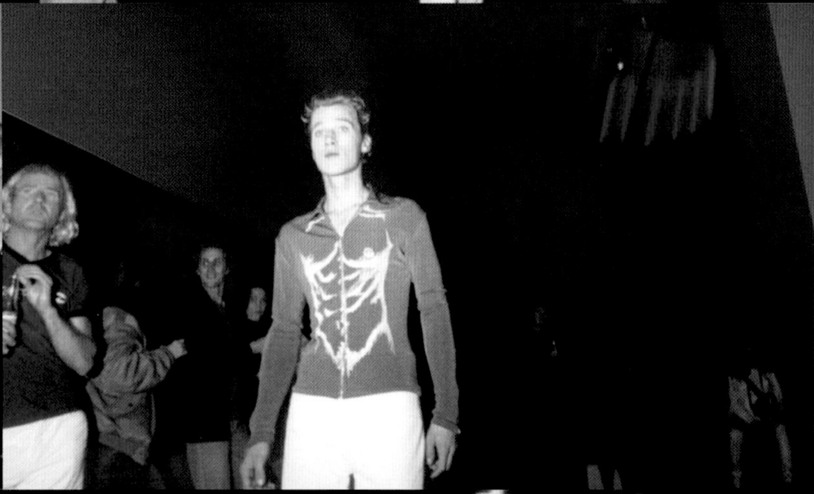

“当我使用我的名字做展示时意味着，作为时装设计师我认同我的产品。”

1997 春夏

1997 春夏

1998/1999 年秋冬

“我没有在为大街上的人做衣服，因为我的目标人群没在街上，街上不需要太多创意性的衣服……你在街上看到过许多优雅时尚的人吗？人们不再像以前那样打扮漂亮。现在太讲实用性了，并且在街上一切衣服都与其他平常的衣服融合在一起。太多的灰色了！”

从安特卫普皇家艺术学院时装专业毕业后，简 · 韦尔瓦尔特去了伦敦，先跟随约翰 · 加利亚诺（John Galliano）和约翰 · 弗莱特（John Flett）做实习生。1989 年在伦敦的英国设计师展上，他发布了自己的设计系列 " 男人 & 女人 "，这是他进入国外服装市场的跳板。他的风格依旧最受英国公众的欣赏。

真丝、绉纱、亚麻和粘胶混纺、闪光布料和多种高科技材料的应用，让他的服装带着一种奢华的光环。剪裁方式出自自己的“研究”。不对称、不寻常的裁剪和装饰性的镶边工艺都是他的典型风格。他喜欢在衣服的长度上作文章，即便已经很优美的款式都会直接开剪。看到衣服的前面，永远不会知道后面看上去是什么样子。例如，从前面看是一件黑色长裙，但是从背面看却是一件超短裙。1994 年他开始做更便宜的 T’SS 线，同时兼顾男女系列。T’SS 线是针对 16 到 25 岁之间年轻人的俱乐部风格。

简 · 韦尔瓦尔特坚持每年在自己家乡办两次秀的惯例。他的家族徽章上的座右铭是“vaeret wel（愿你一切都好）”，这已经成为他的标识。

阿齐尼夫·阿夫萨
（AZNIV AFSAR）

BELGIAN

FASHION

DESIGN

“建筑与服装之间的共同点是要完全精通专业。基础必须扎实（精通服装剪裁），并且你必须要考虑到舒适性和功能性。你必须尊重组装和建造的各个阶段。建筑物的外观可以与一件衣服的外表相提并论。”

阿齐尼夫 · 阿夫萨在 1997 年推出自己的品牌。

她以设计建筑的方式来创作女装。这些形式能时髦轻松地获得衣服包裹住身体之后的更好效果。

几何廓形给她带来更大的发挥空间，深色为主的基调上点缀着对比鲜明的彩色线条和明亮的触感柔和的透明胶片。用剪裁和嵌合工艺突出女性气质，大多数采用的是具有更男性化感觉的基础面料【毛料、法兰绒和华达呢（一种斜纹防水面料）】。选用较轻柔的面料（金属纤维织物和透明面料）和“新纤维”合成织物，则是为了表现出轻盈的触感。

1999/2000 秋冬

Dirk Van Saene"黑色西西"系列产品目录封面照片，1998/1999 秋冬

安妮·索菲·德坎波斯·雷森德·桑托斯（Anne-Sophie de Campos Resende Santos）："当我在大街上看到我设计的系列服装被人穿着时，我不认为这算是艺术。当我创作一个设计系列时，在纸上画设计草图，再加上色彩和插图——换句话说，这是'创作'阶段——我认为这算是一种艺术形式。"

斯蒂芬·施耐德："时尚是人们可以穿着的艺术，所以是一种应用艺术。"

沙维尔·德尔科尔（Xavier Delcour）："艺术影响时尚，就像时尚影响艺术一样。它们之间共通的是对创新与探索的渴望。"

米沙尔·格拉："对我而言，我认为我的作品更像是一种艺术形式，而不仅是一件纯粹的功能性和商业化的产品。我想要我设计的每一件衣服都是独一无二的，不可复制的。在我脑海里我总是会想象我的衣服将属于某人。所以我的作品是一件可以被展示的艺术品，也是一件可以在特殊场合穿着的衣服。"

安尼米·维尔贝克（Annemie Verbeke）："我认为艺术可以作为灵感来源，但不需要作为设计基础。艺术可能会帮助你发现彼此的联系，并在设计过程中带来启发。二者之间的共同点是我们会在同一时刻问一些平行问题。"

安娜·海伦（Anna Heylen）："艺术是时代精神的反映，时尚也是。"

安·迪穆拉米斯特："我不认为我制造艺术。事实上我们提供某些事物，提供某些建议；我们的工作从未完成过。"

帕特里克·罗宾（Patrick Robyn）："当一位艺术家创作一件作品时，他可以一直坚持创作，直到作品完成；当我们设计制作衣服时，这些工作永远不会完成，不可能完成，对我们而言，没有最后的终点。"

沃尔特·范贝伦东克："我认为，如果你严格地看待时尚作为某个设计师的独立创作过程，那么可能会发现一些和艺术的关联。但是时尚的最终端是消费，是完全不同于艺术的。时尚必须每六个月更新一次，并迅速失去它的价值，你总是不得不考虑重新开始下一个……作为一名服装设计师，你不得不以完全不同的节奏工作，你不可能像艺术家一样思考。还有一个最为显著的区别，作为服装设计师，你最终进入消费结构体系，这是一个商业领域。在艺术领域里金钱也同样重要，但是肯定压力相对较小。在艺术世界中，创作以不同的方式，并更加独立地发生。"

利夫·范甘普："在我看来，展示新作可以视为一种应用艺术。如果你做出一个雕塑装置，你自己就是一类的'时尚总监'。设计可以很艺术化，但我不自称是艺术家。艺术对我来说是多媒介的，所以才会有趣。"

阿齐尼夫·阿夫萨："如果有一个真正的创作伴随着一个反思过程，那么时尚就成为一种艺术形式。即便它必须遵守巨大的限制。但是这些限制迫使设计师进一步深入到设计中。

"时尚也充满了矛盾，其中一个矛盾是：时尚是艺术，同时也是多余的废布。"

维罗尼克·布兰奎尼奥（Veronique Branquinho）："视觉艺术启发了我，比如艺术电影和音乐，但是我不喜欢博物馆里穿在人台上的时装。对我来说，时尚是最直接的一种应用艺术形式，它能表达时代精神。所以相较于出现在博物馆里，时尚更应该出现在大街上。"

克里斯托夫·布罗希（Christophe Broich）："艺术对我而言是非常重要的灵感来源。我相信所有的艺术形式都在影响着时尚。但是时尚不是艺术！当然也有时尚设计师称他们的创作为艺术。在我看来，他们是艺术家，他们用衣服作为媒介创作雕塑或画作。说到底，时尚就是一种生活消费品。"

Bé Sottiaux（比利时服装品牌）："如果你认为艺术是一种幻象，是一种被展示的情感可以被分享，那么时尚就是它的一种陈述方式。这种方式反映了一段时期内的社会背景。"

奥利维尔·泰斯肯斯："我认为'一切'都可以是灵感来源，当然包括艺术。我发现很难去确立时尚的具体地位。现在出现的问题大概是：艺术是艺术吗？所有的艺术还是艺术吗？如果艺术的定义是明确的，人们可以继续追问时尚是否是艺术。现在艺术没有一个确切的定义，那就不可能确定时尚是否是艺术。

"对一个时尚品牌来说，归属于艺术范畴会很有价值，被用于销售途径，让人觉得这是概念时尚，具有艺术性。这是人们喜欢的方式，消费者也喜欢。你真的需要保持些距离来对待它，我指的是这些照片和相关事物，因为归根结底就是公关。"

安·惠本斯："我认为我们到达了一个在时尚、音乐、戏剧之间没有明确区分的时代……将创造力与创作欲区别对待是过去的事了。一切都混合在一起，一切都在运转中，结果就是奇妙的混乱。时尚作为一门学科，它的特点是反应迅速。目前，时尚的影响力正在不断巨大化。对于我来说时尚几乎成了一个'中心'——看看出现的杂志数量就知道了，原因就是时尚的反应速度。保持高产的创作节奏，让精神自由，这几乎是时尚的义务。这也是人们为何热衷于艺术与时尚的原因，但也许有更适合的词汇形容。'艺术'不再是热门话题。一切都是关乎即兴的、表演的'瞬间'。"

琳恩 · 肯普斯："时尚和艺术有着相同的根基。时尚可以成为艺术。但是最终你想穿的是衣服而不是一件艺术品。二者的生命周期是有区别的。据我所知，画廊不是每个季度都会举行销售，但是在商店则是每季都有。"

杰西 · 布鲁斯："我不认为时尚是艺术，尽管这类话题正在被提倡。在某些情况下，艺术服务于服装公司的商业利益：像 Gucci 和伊姆斯（Eames），Calvin Klein 和曼雷（Man Ray）。其他情况下，设计师想象自己是一个艺术家。还有另外的情况下，艺术家的灵感源于时尚：像瓦妮莎 · 比克罗夫特（Vanessa Beecroft）、克劳德 · 克洛斯基（Claude Closky）、汤姆 · 萨克斯（Tom Sachs）、奥伦（Orlan）等，在某种程度上说甚至还有安德烈亚斯 · 古尔斯基（Andreas Gursky）。如果自命不凡一点就像某些杂志一样，把这一切视为艺术与时尚的互动。"

安妮 · 库里斯："我个人认为艺术和时尚是有着共同点的，因为时尚灵感经常会源于艺术领域并转化成为自己的视角。但是我不认为时尚可以被视为艺术，因为艺术家是完全自由的，而时装设计师必须专注于产品的功能性、产量和商业化。"

吉莱恩 · 努伊特顿："时尚是一种应用艺术。许多设计师对把他们的才能归类为艺术家的想法感到不舒服。但是他们中的大部分人对许多的艺术形式有着强烈的兴趣，并且有意或无意地从中获取灵感。"

丽莲 · 克雷姆斯："时尚是艺术。时尚就像是所有其他的艺术表现形式一样，受制于不同的事件和运动，这取决于社会、文化、历史和政治的影响。时尚既是时代精神的反映，也是艺术运动中某个瞬间的记录。"

罗纳德 · 斯图普斯 & 英奇 · 格罗纳德："时尚、艺术、戏剧、音乐和舞蹈之间的互动由来已久。尤其是近年来，每个人都受到了其他人的影响，边界越来越模糊，这让时尚变得更有趣。"

尼尼特 · 穆克："艺术和时尚都反映了世界上正在发生的事情，艺术家 / 时装设计师都对此做出了表达或反应。所以很明显人们互相影响，我不是说史蒂芬 · 斯普劳斯（Stephen Sprouse）的沃霍尔（Warhol）连衣裙或伊夫 · 圣 · 洛朗（Yves Saint Laurent）的蒙德里安（Mondrian）裙！在我看来，时尚是应用艺术。艺术是属于展览馆或你家里的墙上，而衣服是应该用来穿的。当然这是一种理论：我的衣柜里有一件 1989 年的 Azzedine Alaia 夹克（根本不能穿，因为对现在来说，这夹克的肩部设计太宽，像美式足球运动员的肩膀），这件夹克被制作得如此漂亮，我真的很喜欢把它从衣柜里拿出来挂在墙上。但是，考虑到人们已经足够八卦的了……"

索尼亚 · 诺尔："设计师们的工作方式和视觉艺术家一样。他们的创造过程是相似的，但目的是不同的。设计师们被要求一年推出两个季节的服饰系列，目的是要能穿。时尚就像建筑，是自带功能性的艺术形式，这明显区别于商业化系列。我只对能成功创作出新系列的设计师们感兴趣。"

格迪 · 埃施："艺术从根本上是要具有颠覆性和独创性的。因此，在这种情况下，你不能问时尚是否是艺术。这种问题对一件艺术作品而言是多余的。"

琳达 · 洛帕（Linda Loppa）："在设计阶段，每一位设计师都是艺术家。"

1997 年 6 月 11 日至 8 月 17 日，鹿特丹博伊曼斯 · 范伯宁恩博物馆举办的"La Maison Martin Margiela (9/4/1615)"装置艺术回顾展细节。

"……人们通常会认为，风格是一种事后的识别认同，针对的是一群人相似且正式的着装方式。"

"在他们的挑战阶段，时尚本质上是有争议性的，风格有其防御性。然而风格取决于品位的调节，时尚取决于对反感或是厌恶的颠覆性努力。品位是风格的仲裁者，反感是时尚的动力。"

Val K. Warke, "'In' Architecture. Observing the mechanisms of fashion", *Architecture: In Fashion*, Princeton Architectural Press, New York, 1994, p.134

时尚（趋势）= 引起争议（反感为动力）
风格 = 防御性（品位作为仲裁者）事后认同

杰西·布鲁斯："既不是有风格就时尚，也不是没有风格就不时尚。风格已经是一个过时的概念。假装知道什么是有风格，什么不是，已经过时了。"

风格（品位作为仲裁者）= 过时的概念

斯蒂芬·施耐德："我总是试图呈现一个清晰可识别的形象。服装缺乏强度；有很多物品是多用途的，由于造型的原因，这些物品能展现个性。对我来说，轻描淡写就是没有观点。'基础款'意味着害怕'展示自己'。我的衣服一目了然，风格也很明确。"

风格（作为事实陈述）= 进攻与防御（定义）

伊娃·拉克斯（Eva Lacres）："设计师的成功在一定程度上取决于他的能力，要区别于其他的风格和其他的设计师。对他来说重要的是：在他的设计系列里展示出他自己对趋势和时间的理解。"

栗野宏文："风格是一个简单的词，但我们以一种特定的方式使用这个词就会变得复杂。风格不仅是形式又是思想。"

风格（= 形式）& 思想

"但有时你会惊奇地发现，有一种共同的风格出现在不同设计师们的设计系列里。如果人们希望设计师之间展开竞争，一种'季节感'可能会出现，就好像他们会一起密谋强占季节性商业活动一样。"

"比利时风格是独立的，概念性的，在某种程度上是经典的。大多数的比利时设计师似乎都在尝试一种对经典的全新诠释。"

沙维尔·德尔科尔："显然，存在这样的比利时风格：严谨、个性化。"

伊曼纽尔·劳伦特："风格是人格化、个性化，同时也是种体验。这不是天生的，是在整个的职业生涯中，有意识地发展、构建、完整起来的。"

德赖斯·范诺顿："个人的风格是一个思想过程，一种思维方式。起点是我隐含的故事，它可能会变化。服装以这种方式'进化'，但是从来不是革命……"

风格（= 想法）= 个体结构（定义）

索尼亚·诺尔："在我看来，独立设计师的风格比我们称之为趋势的特定运动更重要。他们都很有经验地把握这些趋势并选择是否使用——但是他们最在意的还是自己。我认为这尤其适用于比利时设计师。"

趋势（= 运动）= 反应
风格 = 个体映像

英格丽德·范德维勒（Ingrid Van de Wiele）："不管发生什么事情，我把自己的一部分带入到我的设计系列里——这种个人特征决定了我的风格——出现在一个接着一个的我的设计系列中。"

卡特·提利："我绝对有个人风格。我从没有涉足过趋势运动。我根本不在乎那些趋势。"

安·迪穆拉米斯特："实际上，你在用自己的方式工作，你的作品不可能是别人的。如果被人们识别出来这是你的作品，可能这就是你的风格……"

个体映像→风格（定义）

吉尔特·布鲁洛："比利时风格是不存在的，尽管越来越多的风格在互相效仿。近期的风格是重新考虑服装的结构。"

安妮·索菲·德坎波斯·雷森德·桑托斯："就严格意义上讲，我不认为有'比利时风格'这样的词。它应该是一种比利时人的能力才干，一种共有的思维模式或是我们共有的工作模式。"

A.F. Vandevorst："设计师的'风格'是外界在某一时刻注意到的事情。作为设计师，你不可能会特意按照自己的风格工作，更不用说要强迫自己去试着做。"

琳达·洛帕："随着时光的流逝，你只能通过回顾过去来归类风格。"

个体映像→风格→事后认同

风格（定义）

BELGIAN

FASHION

DESIGN

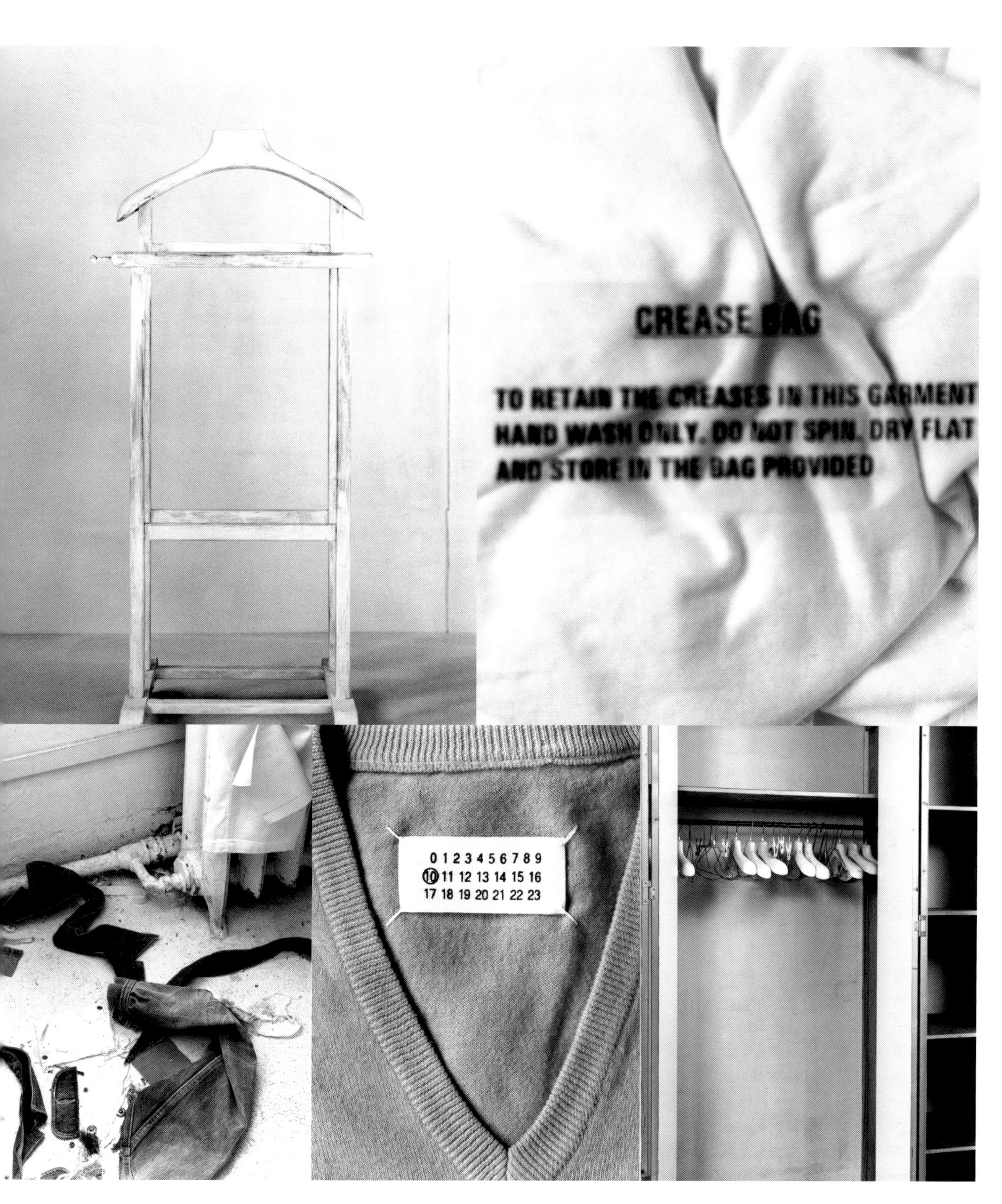

Maison Martin Margiela，1999 春夏，摄影：玛丽娜·福斯特

这个设计系列是由标注着数字的，分别代表着不同的设计产品组成：0 代表再加工女装，1 代表女装设计系列，6 代表年轻女装，10 代表男士衣橱系列，13 代表出版或印刷刊物，22 代表女鞋。其中以数字 10 为代表的男士衣橱系列用 5 大类服装款式设计来定义：

定制夹克。廓形多样的夹克外套，运用了传统缝制工艺（不同的衬里、牛角扣、手工缝制等）。传统样式的男士长裤（用毛料和混纺毛料制成）。

传统的剪裁。水洗棉制成的一系列衣服（雨衣、夹克、马甲、长裤、衬衫）。另一个系列的涤纶 / 棉料混纺服装，制成永久的褶皱效果（雨衣、夹克、马甲、长裤、衬衫）。

手工缝制部分。在原始工艺制成的老式牛仔马甲和定制的牛仔裤上面任意缝上补丁。在 T 恤衫上和衬衫上印上图形照片。

领标。白色手工缝制上的领标。随机序列号从 0 到 23。圆圈圈出的 10 表示这件衣服是男装系列中的一件。手工男装的领标上圈有 10 和 0。

“10”。这个系列应当被看成是一个男士的“衣橱”。这是一系列虽起点不同但共享一个“观点”的服装。

Maison Martin Margiela, 1998 春夏。三组照片场景合成的一分钟视频。这个系列探索了一件二维服装在人体上变成三维的转变过程。在展示的过程中，穿着实验室白大褂的男人将衣服挂在衣架上，视频被投射在五座覆盖着白色棉布的高塔上。设计系列中的 10 件物品通过 10 组电影镜头来展现，每分钟一件物品。这些展示了一个女人的影像：只露出脖子以下穿着的衣服，前面的文字描述是：“这些衣服的肩线已经被完全地延伸到衣服的前面。”

吉莱恩 · 努伊特顿：“时尚的创新发生在两个阶段：高科技材料的实验阶段和新模式的探索阶段。最初我们总是很激动地看待这些似乎非常复杂的创新形式，几季之后这些形式就会在商业系列中被稀释。”

栗野宏文：“坦率地说，我认为时尚的快速变化是被经济利益诱导的。人们对新时尚、新趋势、新产品的销售、购买、展示、评论和拍照都有着不断的需求。当然这个世界上如果没有创造力和设计师对美的探索是不行的。

“面料被剪裁，被撕成碎片，被染色，被改造。这件衣服是从一种对面料有着非常积极的行为中诞生的。没有毁灭就没有创造。这种意识在比利时时尚里非常有存在感，似乎是比利时时尚的核心。”

“大概每种文化都有一个想象空间用以装载它所排斥的事物，而这个空间是我们今天必须设法牢记的。”

戴安娜 · I. 阿格雷斯特（Diana I. Agrest）

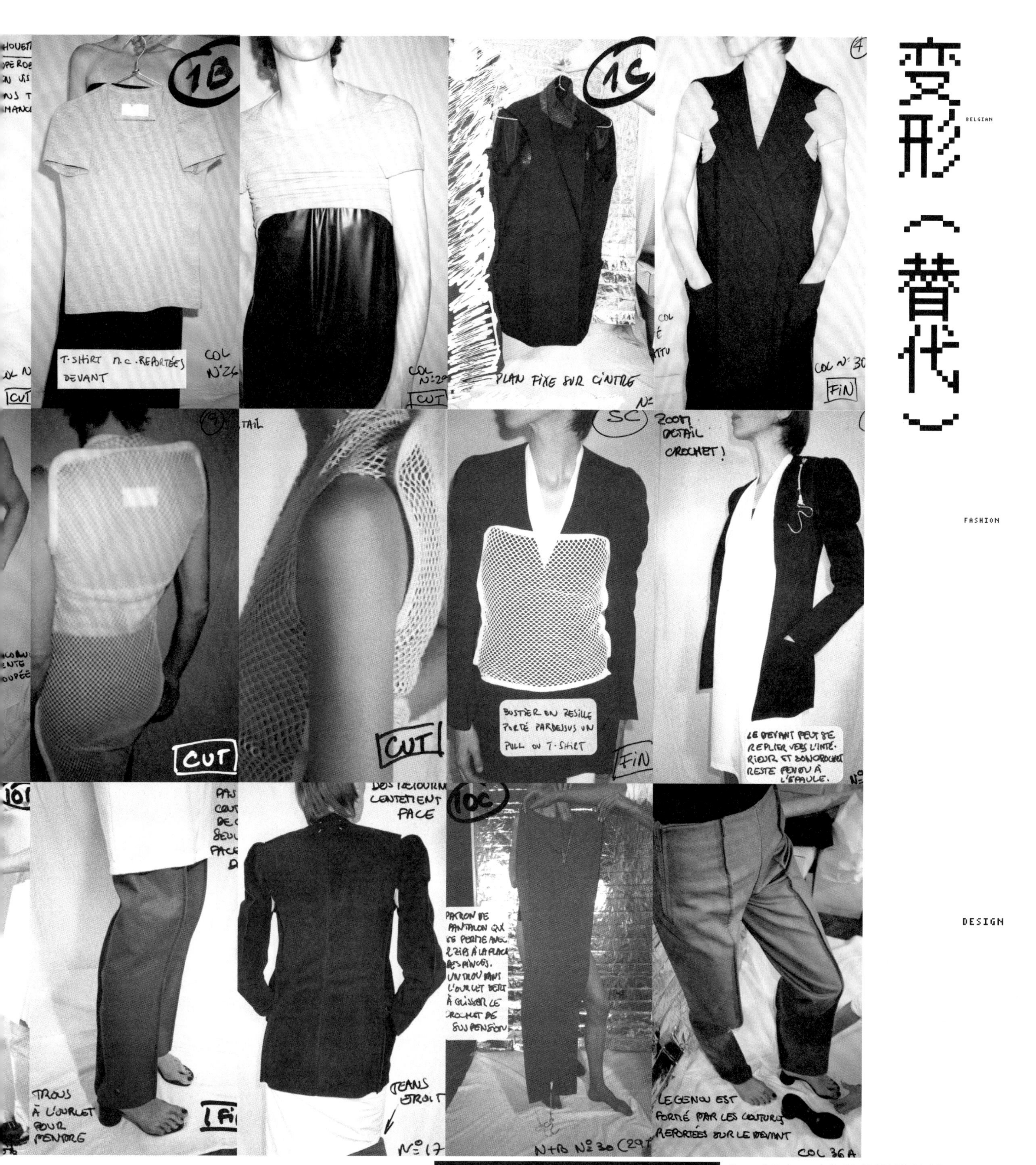

变形（替代）

BELGIAN

FASHION

DESIGN

安妮·索菲·德坎波斯·雷森德·桑托斯：“一方面，对完美的服装剪裁不断地追求，另一方面无止境的变化促进衣服的改进。”

斯蒂芬·施耐德：“快速改变的季节意味着你要一再思考自己的工作，因为你不得不开始着手不同样貌的新设计系列。这个强度就在于不间断的追求让你没有时间休息，你必须时刻密切注意着新的刺激。”

图片提供：Maison Martin Margiela

上图从左至右 _ 印着银色星星的黑色真丝欧根纱慢跑裤搭配棉质针织运动衫。

图案丰富的瑞士棉被用于制成剪裁干净、线条明晰的套装。

一个 18 世纪的领子搭配一条穿在直裁棉质长裤之外的有着丰富花型刺绣的迷你裙。

带白色戒指图案的黑色棉质衬衫，摄影：罗尔·德库曼（Roel De Cooman）

重生（Regeneration）。安特卫普皇家艺术学院毕业设计系列。1994 年，杜塞尔多夫服装博览会（Collections Première Düsseldorf）时装秀。20 世纪 90 年代的时尚预测是过去几个世纪风格的混合。Stephan Schneider 经典元素已经清晰显现：图形印花、丰富易识别的面料组合以及干净整齐的剪裁廓形。外形是不同风格的拼贴。图片提供:Stephan Schneider

下图 _1996 春夏，我们祖父母的连身裙和衬衫被重新演绎：风格强烈的花样被印在白棉布上。杏仁花样的印花连身裙。摄影：罗纳德 · 斯图普斯

对页图 _1996/1997 秋冬，一种新的装饰图案：锯齿形图案被裁制成新的图案。人造丝面料制成的长裤和接缝缝合形成图案的上衣。摄影：马克 · 鲁宾斯卡（Mark Rubenska）

斯蒂芬·施耐德 (STEPHAN SCHNEIDER)

BELGIAN

FASHION

DESIGN

1997 春夏，“我们的现代过去”和科技的最初期的天真阶段。摄影：罗杰·迪克曼（Roger Dyckman）

上图从左至右 _ 印花图形源自早期的电脑设计图案。_ 起居室的砖砌结构图案被印在人造丝上。_ 用瑞士棉编织制成的破碎细条纹图形，让我们联想到出现故障的电视机荧光屏。

下图 _1998 春夏，摄影：伊娃·范斯特拉伦（Eva Van Straelen）。_ 旅行者度过他们的夏日假期。休闲面料、喷绘印染和自然的廓形强调了假日的愉快氛围。尼龙面料上喷绘印花。

对页

1998/1999 秋冬，宠物周围的气氛：别把你最好的朋友关在家里，带它们出去散步吧。摄影：戈德温·达莱德（Godewijn Daled）

对页上图从左至右 _ 有一种家一样亲切的感觉，有很多温暖舒适的针织面料，如羊毛和羊驼毛混纺面料。_ 柔软的初剪羊毛。_ 户外是更休闲的感觉，尼龙雨衣（装饰有风衣褶）。

对页下图 _ 巴黎展示间邀请函，1998/1999 秋冬，摄影：M. 西格斯（M. Segers）

德国出生的斯蒂芬·施耐德于1994年毕业于安特卫普皇家艺术学院。同年他得到了资助，将他的毕业设计系列作品投入生产，并获得在巴黎时装周期间有一个静态展示空间的机会。因为来自远东地区的买手下了订单，他的业务立即被建立起来，目前他在全球拥有40多家销售网点。

1996年初，第一家欧洲旗舰店在安特卫普市中心开业。

斯蒂芬·施耐德是以高度的个人化，易于识别的风格为客户设计着装。这些设计相当质朴，几何线条流畅，优美的结构没有多余的添加。重要的是他使用的是几乎快被遗忘的装饰元素和图形印花，这些元素以一种精简、结构化和高度精致的方式出现在他的作品中。他会应用同一种面料制作男装和女装，给予女装一种朴素的感觉，让男装看起来更温和优雅。

“我不喜欢做造型。人们有时会说我的‘好’衣服给他们一种星期日的感觉。一件衣服应该代表自己发声。”伊尔斯·德韦尔(Ilse Dewever),《斯蒂芬·施耐德，无懈可击的人》(*Stephan Schneider, de onkreukbare*),*De Morgen* 增刊 *Metro*，1997年7月19日。

A.F. VANDEVORST

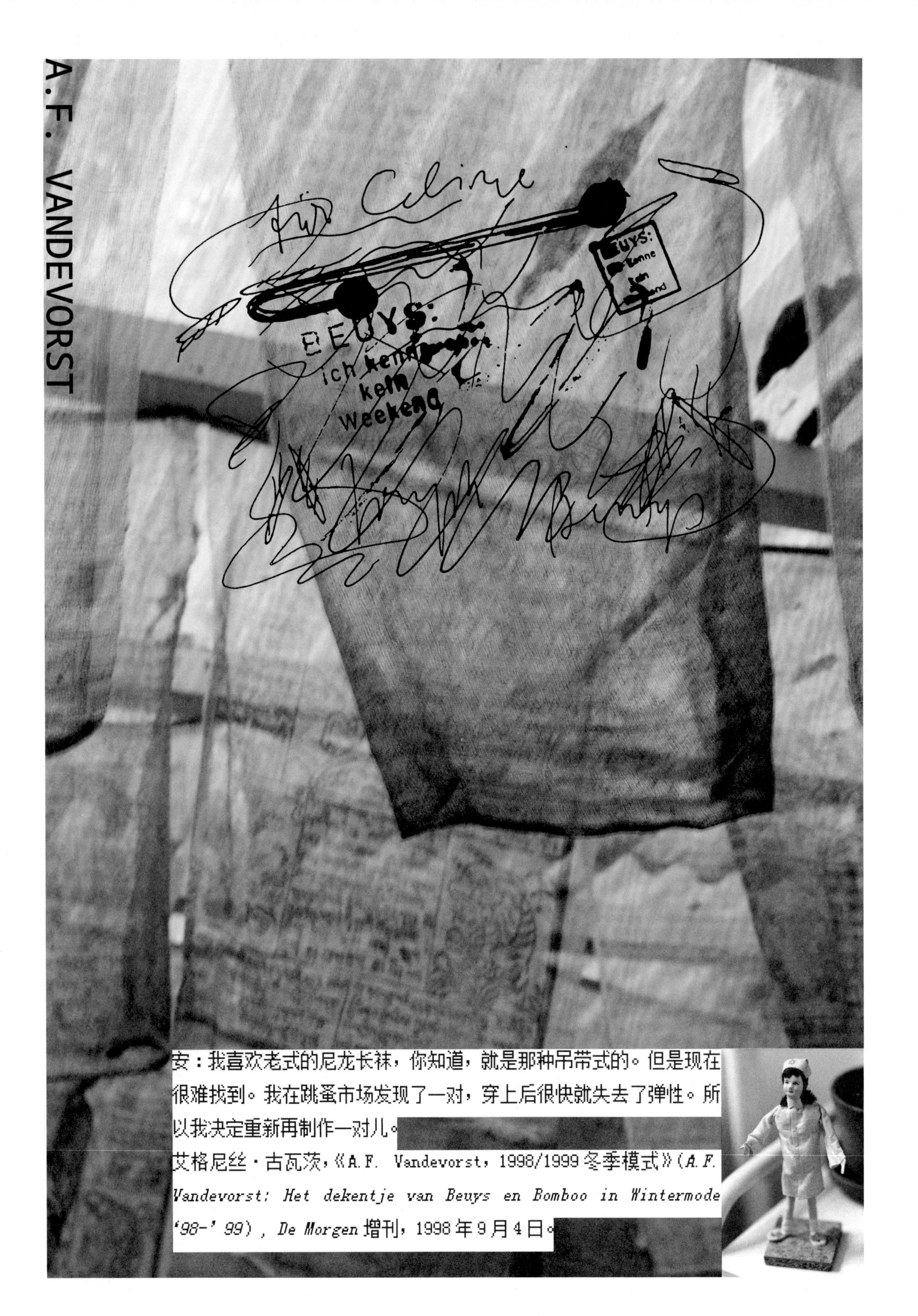

安：我喜欢老式的尼龙长袜，你知道，就是那种吊带式的。但是现在很难找到。我在跳蚤市场发现了一对，穿上后很快就失去了弹性。所以我决定重新再制作一对儿。

艾格尼丝·古瓦茨，《A.F. Vandevorst，1998/1999冬季模式》（*A.F. Vandevorst: Het dekentje van Beuys en Bomboo in Wintermode '98-'99*），*De Morgen*增刊，1998年9月4日。

夜幕降临，1998/1999 秋冬。摄影：罗纳德·斯图普斯

对页图_西方人的能源计划［Energy Plan for the Western Man，约瑟夫·博伊斯（Joseph Beuys）的著作与访谈的书名］。摄影：拉夫·库仑

安·范德沃斯特（An Vandevorst）
菲利普·阿里克斯（Filip Arickx）

发问者：你如何描述你新的审美观？
博伊斯：我从根本上来描述：我说的美学＝人。

Carin Kuoni, *Energy Plan for the Western Man, Joseph Beuys in America*, Four Walls Eight Windows, New York, 1990, p.34

A.F. Vandevorst 是两位设计师菲利普·阿里克斯和安·范德沃斯特名字缩写的组合。

他们都在 1991 年毕业于安特卫普皇家艺术学院。他们最初的工作经验是通过跟着几位不同的比利时设计师在工作中累积的，并且在他们自己的设计系列中证明了他们坚持不懈的努力。

1998 年 3 月，A.F. Vandevorst 终于迎来了他们的时刻，在巴黎举办了一场精彩的秀，展示了他们的 1998 秋冬时装系列。多年的经验积累和思考让这场秀非常成熟、温暖和女性化。毛毡的使用，纯净的面料和红色十字灵感来自艺术家约瑟夫·博伊斯的生活、工作和哲学观点。模特们穿着特制内衣，在感官上加强了性感和女性的特质。用叠褶和铆钉装饰遮掩裁口或缝合线。整体外观结合了创新、舒适和穿着的实用性。

对 A.F. Vandevorst 来说，一件已经穿过的衣服，有更多的“精神”，更多的“灵魂”。他们在 1999 春夏系列中提出了一个观点：这些衣服看起来像是穿着睡过觉似的。那次发布秀在一间旧宿舍里进行，模特们穿着衣服睡在医院铁床上。

他们受到国际媒体和时尚界的赞誉，这对搭档获得了“维纳斯时尚奖”（巴黎时装周奖项）中最有前途的设计师奖。

1999/2000 秋冬系列探讨了女性在生活中经历的内心挣扎和不确定的时刻。怀疑和矛盾反映在衣服的设计及应用的材料中。裙子的“女性化”表达通过正面采用真丝或羊毛薄纱等织物，而背面则采用一种结实的“保护”毛毡的方式实现。有些设计是可分离部分的组合，再次强调了女性有时矛盾的情绪。根据穿着者的心情可以做出各种各样的调整（女性化的、休闲的、制服感的）。在秀上，所有的模特被分别突出亮点，来强调所穿着作品的不同部位。秀快结束时，四位老年女性被安置在聚光灯下，着重强调怀疑和矛盾心理是任何年龄段都会出现的……

1999 春夏，摄影：罗纳德·斯图普斯

我所做的每一件作品的外观都相当于人类心理生活的某些方面。约瑟夫·博伊斯

Carin Kuoni, *Energy Plan for the Western Man, Joseph Beuys in America*, Four Walls Eight Windows, New York, 1990, p.119

1998/1999 秋冬，摄影：纳博·亚诺（Nabuo Yano）

1998/1999 秋冬

1999 春夏，摄影：罗纳德·斯图普斯

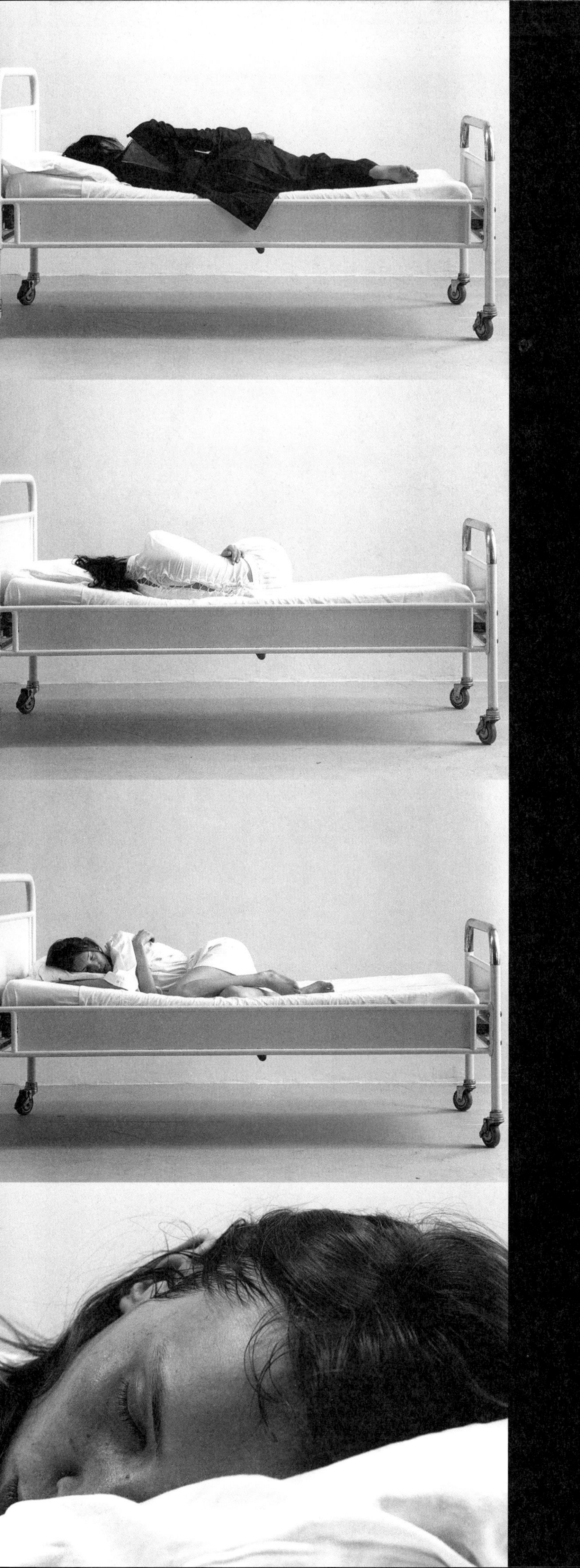

维罗尼克·布兰奎尼奥（VERONIQUE BRANQUINHO）

1998/1999秋冬，摄影：伯特·霍布雷希茨（Bert Houbrechts）

摄影：伯特·霍布雷希茨 & 马琳·丹尼尔斯

1998 春夏，艾伦·诺兰（Ellen Nolan）视频截图。灵感来源：大卫·汉密尔顿（David Hamilton）的照片和电影，比如《悬崖上的野餐》（*Picnic at Hanging Rock*）和《罪孽天使》（*Heavenly Creatures*）中的暧昧 / 纯真。

1999 春夏。该系列的灵感来源于一个老派的女家庭教师的形象，严格，难以接近，同时又带有诱惑的魅力。这些衬衫带有“古老”的外观：高领，有或没有褶皱，穿着纯净的黑色脚踝长度或小腿长度的裙子。摄影：拉夫·库伦

1999 春夏，摄影：伯特·霍布雷希茨 & 马琳·丹尼尔斯
对页图 _1999/2000 秋冬，摄影：拉夫·库伦

“事实上，我对女人非常着迷，对她们的行为方式，她们的表现方式着迷。”

1995 年，维罗尼克·布兰奎尼奥毕业于安特卫普皇家艺术学院。最初她为几个不同的商业品牌做设计。1997 年 10 月，她在巴黎的一个画廊里推出了她的第一个设计系列——1998 春夏。灵感来自大卫·汉密尔顿的照片和电影，比如《悬崖上的野餐》和《罪孽天使》。她的设计系列立刻引起了国际时尚界的注意。长款，流畅的廓形组合和男性化的考究剪裁夹克，正统西装面料和柔顺的纯棉料相结合，揭示了所谓天真无辜女孩的另外层面。从这一刻起，很明显地展示出维罗尼克·布兰奎尼奥对女性内心世界的深刻认知与迷恋。

1998 年 3 月，她推出第二个设计系列，并在巴黎举办了个人首秀，她的神秘感和黑色浪漫主义变得更加明显。打褶及膝长裙搭配“褪色”打底裤和翻领毛衣，然后是兔毛套头衫、厚大衣和高领斗篷。模特们的脸色苍白，牙齿涂成黑色。整个氛围基调提及的是大卫·林奇（David Lynch）导演的剧集《双峰》（*Twin Peaks*）中劳拉·帕尔默（Laura Palmer）的双重生活——隐藏感情的秘密和神秘的夜晚外出。维罗尼克·布兰奎尼奥看起来就像是进入到女孩和女人的潜意识里并发现了一个完全不同的世界。她把这种内在的不同带出来与“现实生活”的表面现象完美地融合。这种多层面的解析成了她的特点并延续出现在她之后的设计系列里。1999 春夏秀，她用大块的长方形真丝面料将女人的身体包裹。模特们的身体像是蒙上了一层薄雾。维多利亚时代“女家庭教师”式的衬衫、披肩和斗篷与黑色西装款形成强烈对比，增强了吸引力和不易亲近之间的多层含义。1999/2000 秋冬系列的重要主题是不同价值观体现在个人着装上的细微改变。对一个女学生来说，稍微提高了衣服的边线或穿上一对儿护膝会自我感觉有所不同，然而其他人可能都没有注意到。

维罗尼克·布兰奎尼奥表现出将这种微妙的多层面含义转化到自己的设计系列中的能力，并将其与有力的复杂巧妙的整体形象相结合。

“对我来说，最重要的是认识到女人是非常复杂的……每个女人内心都会有秘密。我喜欢这种人性的阴暗面。黑色的思想，黑色的情绪，黑色的衣服：我喜欢这个词和这种情感。这就是我在试图传达的。这是属于世纪末一代的浪漫。”

ELIOT VAN ANTWERP

费比恩·奥格尔（Fabienne Oger）和拉乌尔·罗森鲍姆（Raoul Rosenbaum）都毕业于布鲁塞尔的弗朗西斯费雷尔高等专科学校（Bischoffsheim），在比利时和国外开始从事自由设计师工作。从在学校起，他们就是非常要好的朋友，1995年他们决定联合推出自己的设计系列，创立品牌Eliot van antwerp。

通过大量可供选择的颜色和针织衣物的舒适度，Eliot van antwerp给予现代人表达他们对时尚渴求的机会，对自己的创意充满热情。1999/2000冬季系列的灵感来自伦敦新建的滑铁卢车站（Waterloo Station），是现代性与整体性的统一。在他们的系列构造中，几何形的形状，突出的剪裁和传统的材料搭配。颜色从黑色到深绿，从天蓝色到金属灰。

这两位设计师赋予了提花和嵌花工艺的现代感，色彩既与众不同又很微妙。他们的工艺技艺——对研究探索充满了浓厚兴趣——尝试结合运用不同的纤维和结构，并创造一个新的和极具创意的形象。

上图_1997春夏_照片提供：Eliot van antwerp

中图从左至右_1996春夏，摄影：卢卡·维拉姆（Luc Willame）
1997春夏，摄影：萨查（Sacha）
1996/1997秋冬，摄影：罗尔·德库曼

下图从左至右_1998/1999秋冬，摄影：卢卡·维拉姆
1999/2000秋冬，摄影：安·范韦斯梅尔
（Ann Van Wesemael）
1999/2000秋冬，摄影：安·范韦斯梅尔

英格丽德·范德维勒 (INGRID VAN DE WIELE)

BELGIAN

FASHION

DESIGN

1998 春夏，摄影：奥利维尔·德萨特（Olivier Desarte）

十多年前，英格丽德·范德维勒在时尚界迈出了她的第一步，自从6年前她以自己的名字推出了个人的设计系列，稳步的前行让她取得了巨大的进步。现在她的销售网点遍布世界各地，她的自营店设在安特卫普和东京。

范德维勒系列中最引人注目的元素是纯粹的线条、完美的收尾工艺、简约的色彩和面料再造。她的衣服传达了对完美形体的追求，以及熟练应用的掐褶和规则的叠褶（塔克 Tucks）工艺。为了展示新的夏季和冬季创作，这个工艺探索暂时停止了，之后将会再细致入微地继续下去。使用的材料被赋予了一种新的用途：像纺织壁纸上用的仿天鹅绒面料，用铝线与尼龙相结合制作女装衬衫，用纸制作夹克。克制地使用颜色（黑色、灰色、米黄色、白色）是为了令使用的面料看上去几乎是隐形的，以此突出简洁明快的形体线条。

"我的设计主要是凭直觉，为了和我有同样感受的女性而设计的。她们是活跃的，忙碌的，对文化充满兴趣，是和我有着相同感受的敏感的女性。"

"我并不想设计一个可以在任何地方发售的系列。"

"我从一条线开始，之后的每一个系列都跟随着这条线，串结成链。"

"我喜欢将材料混合在一起——亚光的和闪亮的，坚硬的和柔软的——当你用最平静的颜色组合那些对比性的面料就会得到最好的效果。"

1960 年 7 月 17 日出生于韦特伦（比利时）。

根特大学（Ghent University）经济学学士学位（1982 年）。

根特皇家艺术学院代表性建筑造型艺术（Monumental Arts）学位（1985 年）。

1985—1993 年：先后为几个商业和非商业设计系列做造型工作。

1986 年："法兰德斯时尚"（比利时安特卫普）奖获得者，参赛系列的衣服用自然色的手工织造的棉布制成，用铜和银制作腰带。

1989 年：获得亚麻研究所举办的银色纱线竞赛提名（法国戛纳）。

1990 年：她的 1990/1991 秋冬系列代表比利时参加国际时装节（法国南部小镇海耶尔斯）。

1993 年：发布 Ingrid Van de Wiele 个人品牌系列，自 1994 年起参与在巴黎、伦敦、米兰和纽约各地的国际展。

德克·比肯伯格（DIRK BIKKEMBERGS）

性

体系结构

经典

感性的

高级运动装

身体

摄影：卢卡·维拉姆

运动的

张力

奢华

制服

速度

能量

几何形

左上图 _1997 春夏，
摄影：卢卡 · 维拉姆

右上图 _1986 春夏，
摄影：卢卡 · 维拉姆

左下图 _1987 春夏，
摄影：卢卡 · 维拉姆

右下图 _1992 春夏，
摄影：卢卡 · 维拉姆

1994 春夏，摄影：马里奥·泰斯蒂诺（Mario Testino）

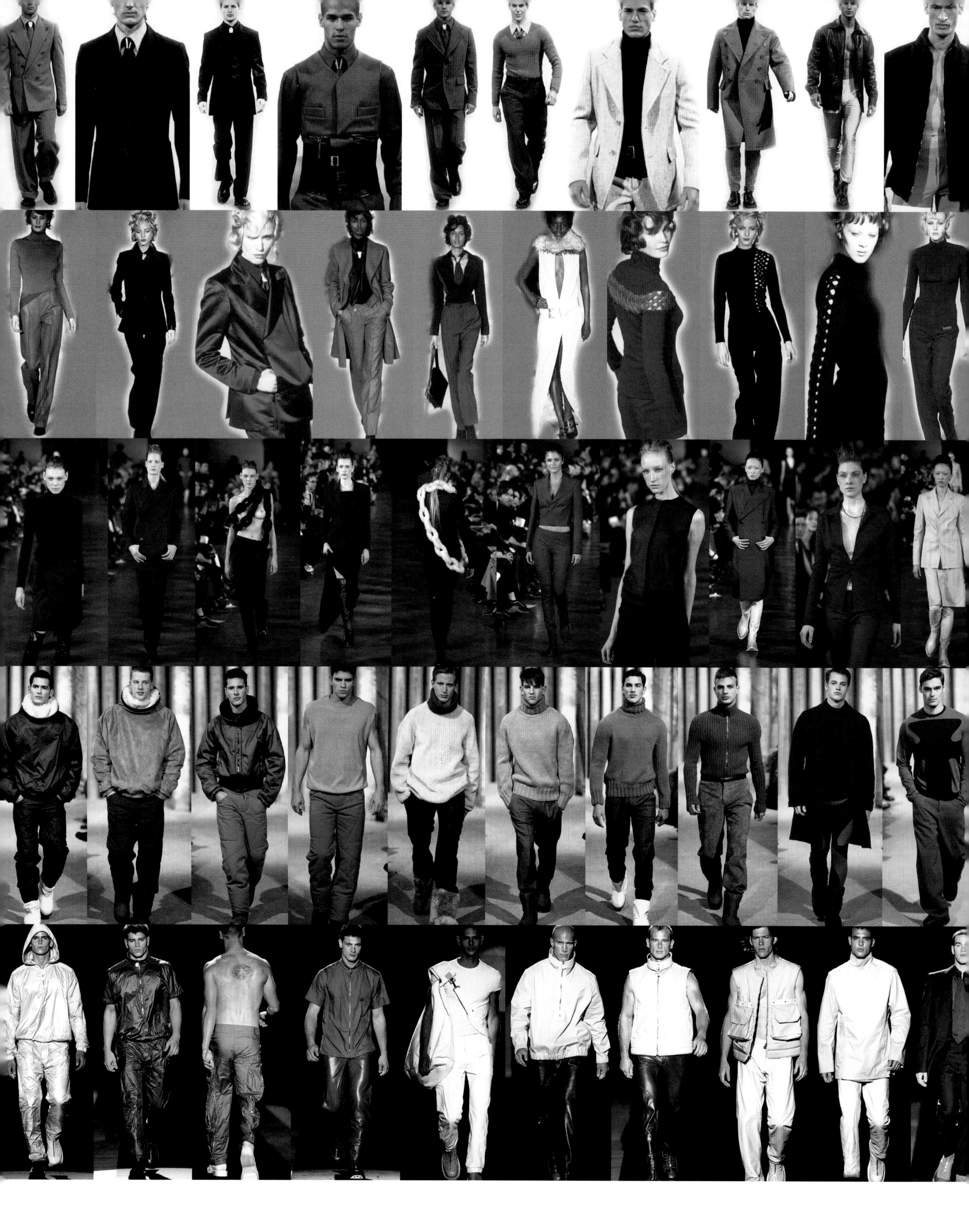

从上至下 _1997/1998 秋冬 _1997/1998 秋冬 _1998/1999 秋冬 _1999/2000 秋冬 _2000 春夏

1999/2000 秋冬，摄影：米歇尔·康德（Michel Comte）

张力，体系结构，运动的，高科技的，身体，“高级运动装”，奢华，户外，精神，现代，行动，影响，明亮的，几何形的，闪光的，速度，经典，“未来运动”，制服，能量……

对我和我的很多朋友来说，当德克·比肯伯格设计的鞋子上架时，我们的生活就被改变了，终于有了适合我们的鞋子。德克·比肯伯格的设计，对于那些清楚明白地知道自己诉求的人而言，就是他们需要的设计。

1985 年，他赢得了金纺锤大奖；1986 年，在 monarca 的帮助下，他成功地创造出一个鞋履系列，并作为“安特卫普六君子”之一，参加了伦敦的英国设计师展。Dirk Bikkembergs 品牌就此诞生了。

这些鞋子是革命性的设计。鞋子的设计融入了佛兰德传统，是精制和耐用的，同时被注入了不妥协的内涵，成为街头的足上新风貌。

1989 年 1 月，在意大利制造商 GIBO 的资助下他推出了一个完整的男装系列。同年 9 月，在巴黎举办了个人首秀，展示了他的 1989 春夏男装系列。1998 年 1 月起，他一直在米兰发布男装系列。

1993 年，比肯伯格推出了女装线，Dirk Bikkembergs 的“男人为了女人（Homme Pour La Femme）”。

德克·比肯伯格已经发展出一种显著区别于其他男士时尚创造者的风格。他的设计流露着一种率真的自信。比肯伯格的形象是有能量的，他是创作艺术和控制张力的大师。

占支配地位的原料应用。立体廓形是由皮革、毛毡和厚实的织物立体建筑构造制成的。他会花费更多的精力在新材料的研发和研究后期完成工艺上。颜色简单而强烈：黑色、白色和经典色调（如卡其色、暗夜蓝色和灰色），这些颜色被照时会发光，甚至会反光。

他的设计是为了活动、行动力和体育运动而做的。这些设计展示出身体是能量的来源。一方面这些设计看起来正试图控制着穿着者的力量，而另一方面又表现出不可抗力量的微妙迹象，这似乎是穿着这些设计锻炼后的结果。此外，有些时候人类身体结构会直接被“引用”。

他的设计系列也提出了“耐用”功能的细节，即使在最极端的情况下也能经得起使用。这种效果是由高度精炼的设计创造的。例如，在 1997/1998 冬季系列中，一套经典的定制西装，极具现代感的廓形和剪裁，搭配着一条领带，领带的结被一个形状相似的金属环所取代。

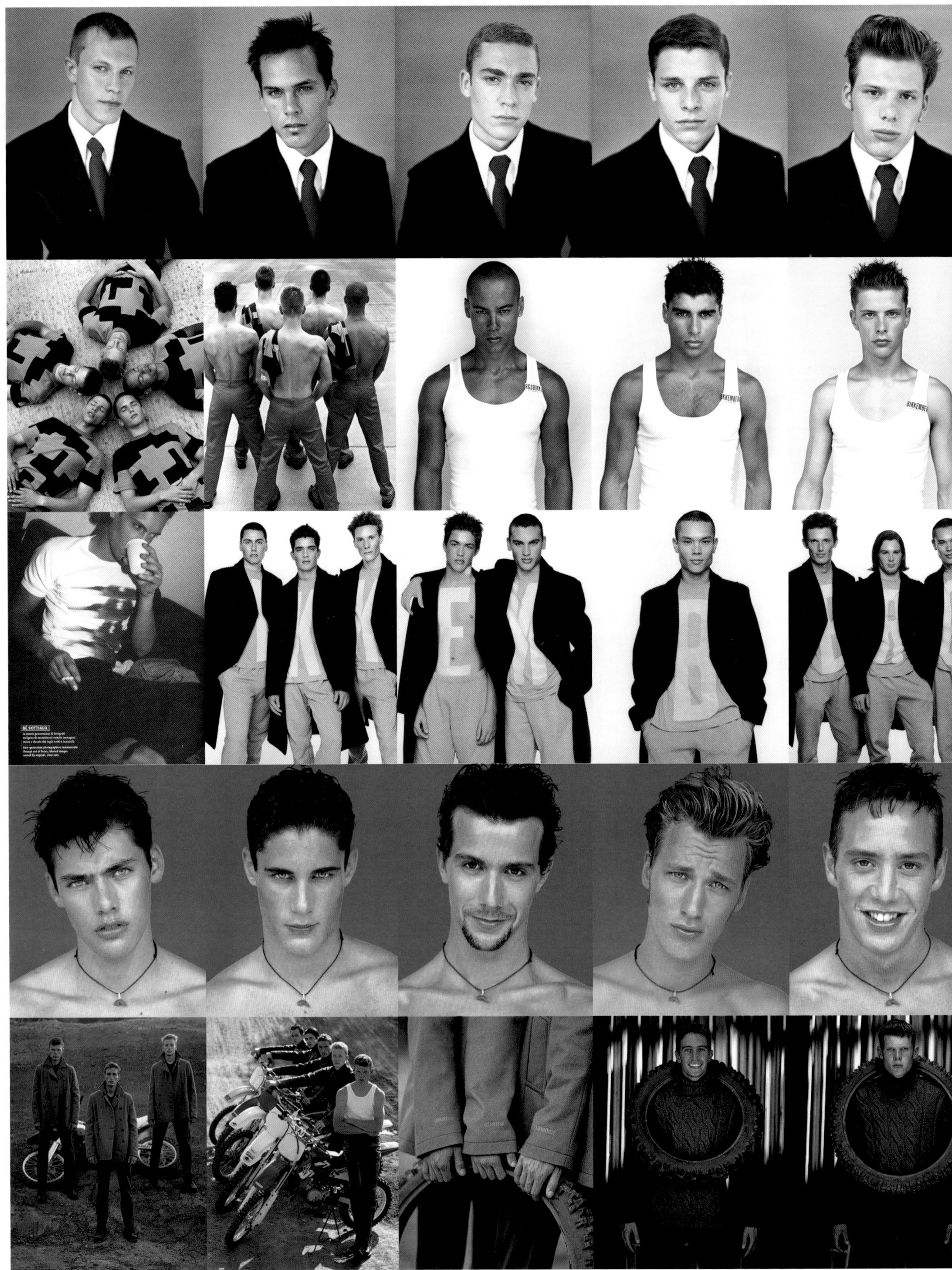

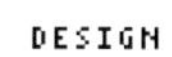

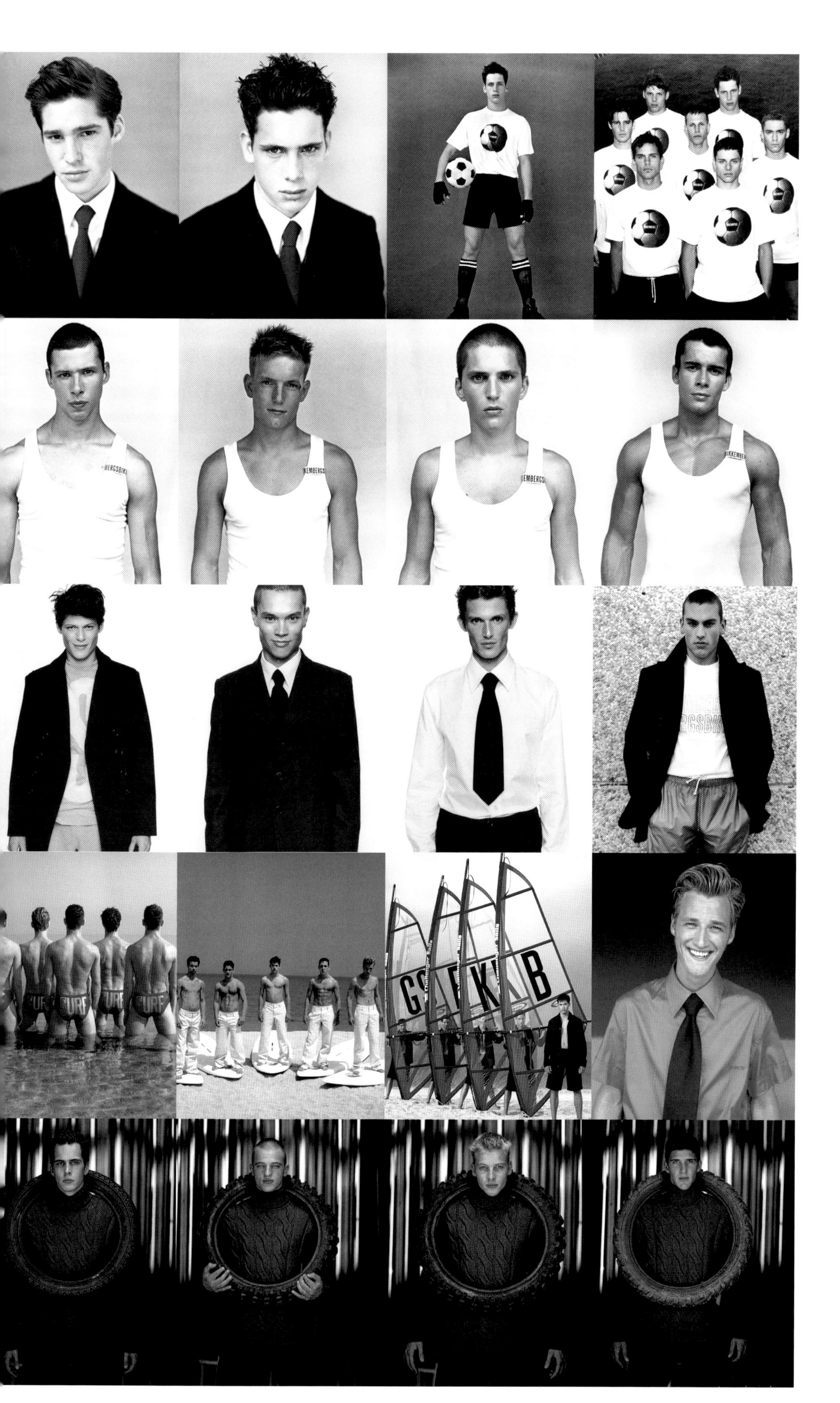

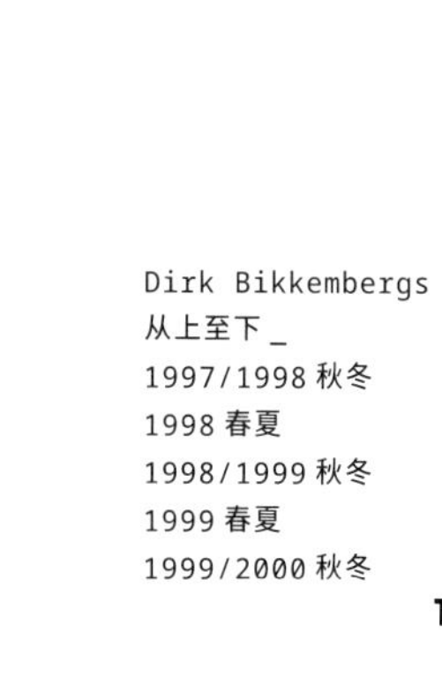

Dirk Bikkembergs
从上至下_
1997/1998 秋冬
1998 春夏
1998/1999 秋冬
1999 春夏
1999/2000 秋冬

艾格尼丝·古瓦茨："我不认为穿着者需要对服装或设计师负责。一旦这件衣服被设计、制作完成之后，它就与制作者分离了；衣服开始有了自己的生命。我相信衣服会影响人们对待身体的方式。穿薄纱连身裙或宽褶裙时，穿厚毛料制成的深色西装时，你的行动方式是不同的。当然也可以说，穿着者在寻找更适合自己体形、生活方式和行为模式的版型和面料。至少，如果没有外力强迫的话，那就应该如此。"

弗朗辛·帕龙："当然，作为创作者，我们要对创作者负责。而现实是：举止笨拙的人穿着 Dior，热衷于炫耀的人用 Hermès……而理论上衣服的创作越原创或个性化，选择穿它们的人就越应该认同创作者的理念。"

柯尔斯顿·皮特斯（Kirsten Pieters）："作为模特，我展示过各种风格类型的衣服；从迷人到俗气，从哥特到繁复设计，从性感到日常。穿不同风格的服装时，我的感觉也不同。当我走 Bernhard Willhelm 的秀时，我的感觉是：甜蜜、可爱、少女感，其他的模特们也有同感。但当我走 Thierry Mugler 的秀时，我觉得自己像个吸血鬼，是风华绝代的名伶；在后台你会看到姑娘们在走动时散发出一种发自内心的性感。所以，不同设计师会带给我不同的感受，然后这种感受会影响我的行为模式。"

杰西·布鲁斯："衣服就是用来穿的。身体是一回事儿，衣服是另一回事儿。没有身体，没有衣服。不管穿什么衣服，美好的肉身都需要保持完美。我不明白，成为衣橱的奴隶有什么意义呢？不过，有个问题一直存在——你是怎么定义'完美身体'的？"

维罗尼克·布兰奎尼奥："我认为，即便有缺陷，人体也一样充满吸引力。你的身体能反映出你的生活，比如住在哪里，日常行为模式……

"我是那种努力让身体保持良好状态的人。我认为重要的是：不试图遮掩身体，不限制身体的行为模式。"

克里斯托夫·布罗希："穿着者比创作者更重要，也比创作出来的衣服更重要。倘若把人当作没有感情的雕像，那么还是把衣服送进博物馆吧。"

马丁·范马森霍夫（Martin Van Massenhove）："影响我选择衣服标准的主要原因是我的身体。我喜欢轻松灵活又柔软的线条，这类线条不会帮我改变身体曲线，而是凸显已有曲线。我已经为自己选择了一类廓形的衣服，这类廓形需要轮廓分明的样貌。"

Véronique Leroy，1998/1999秋冬，摄影：弗雷德里克·杜穆林（Frederique Dumoulin）

人体（基础）

“早上在Rochecorbon的一个农家庭院拍摄时，我看到衣服被并排挂在阳光下，就像传说中的蓝胡子的太太们，没有生机。那些衣服缺乏灵魂，而它们的灵魂是人体。”

［法］让·科克托（Jean Cocteau），《电影日记》（*Diary of a Film*）

Maison Martin Margiela，1998/1999秋冬。一条来自“纸质购物袋”系列的裙子。涤纶绉黑色连衣裙。摄影：马克·伯希维克

Maison Martin Margiela，1998春夏，“肩膀移位”系列。上衣，正面压平，袖子延展至前方。
不穿着时，它是完全的呈扁平状态。视频截图提供：Maison Martin Margiela

伊曼纽尔·劳伦特：“身体是种限制，没有人愿意让自己去忍受衣服。”

卡特·提利：“都离不开对身体的感觉。我感受到什么就画什么，比如尝试凸显肚子或腹部……这一切都和感觉有关……
“我觉得最重要的是，一件衣服要能适应不同身材，就像手套适应不同的手。但这事儿只是听起来容易。说到底我们所制造的是一种成衣。我加入了很多细节，比如使用了很多的省道和接缝。这使得衣服不能适应各类体形。我在不断研发更多种省道，更多的拼接接缝，确保服装即便做成大码也没问题。”

德赖斯·范诺顿：“身体是种局限，但我喜欢在有限的空间里做设计。身体有时会抵抗。穿起来后更方便移动的长裙，与套在展示人台上的长裙是不一样的。”

英格丽德·范德维勒：“对我而言，挑战是在保持一个严丝合缝的廓形的同时，要最大程度适应人体的各种行动，并凸显穿衣人的个性。”

利夫·范甘普：“一切都是围绕身体的。所谓好的设计师就是真的了解人体在运动状态中的人。”

维罗尼克·布兰奎尼奥：“我绝对不认同人体只是一个用来展示衣服的基础。我为有灵性的女人做衣服。吸引我的不仅仅是身体，而是态度、魅力、氛围。对我而言，魅力不对路时，再完美的人体也没意思。
“身体语言很重要。衣服的作用是帮助人们强化自我表达。”

奥利维尔·泰斯肯斯：“我们所研究的对象就是人体。我不是为马匹或猫咪做衣服。欲望也有其内涵。我们想要无止境地包裹身体吗？今年我的尝试在于‘量’。这些‘量’不再与身体有任何关系，因为它们太多了，足以吞没身体。所以我不知道身体有没有极限。也有人希望不超过限度，恰如其分地去做事儿。”

Dirk Bikkembergs, 1999/2000 秋冬，黑色皮质长靴 / 裤子。摄影：米歇尔·康德

乔奇·帕罗松（JURGI PERSOONS）

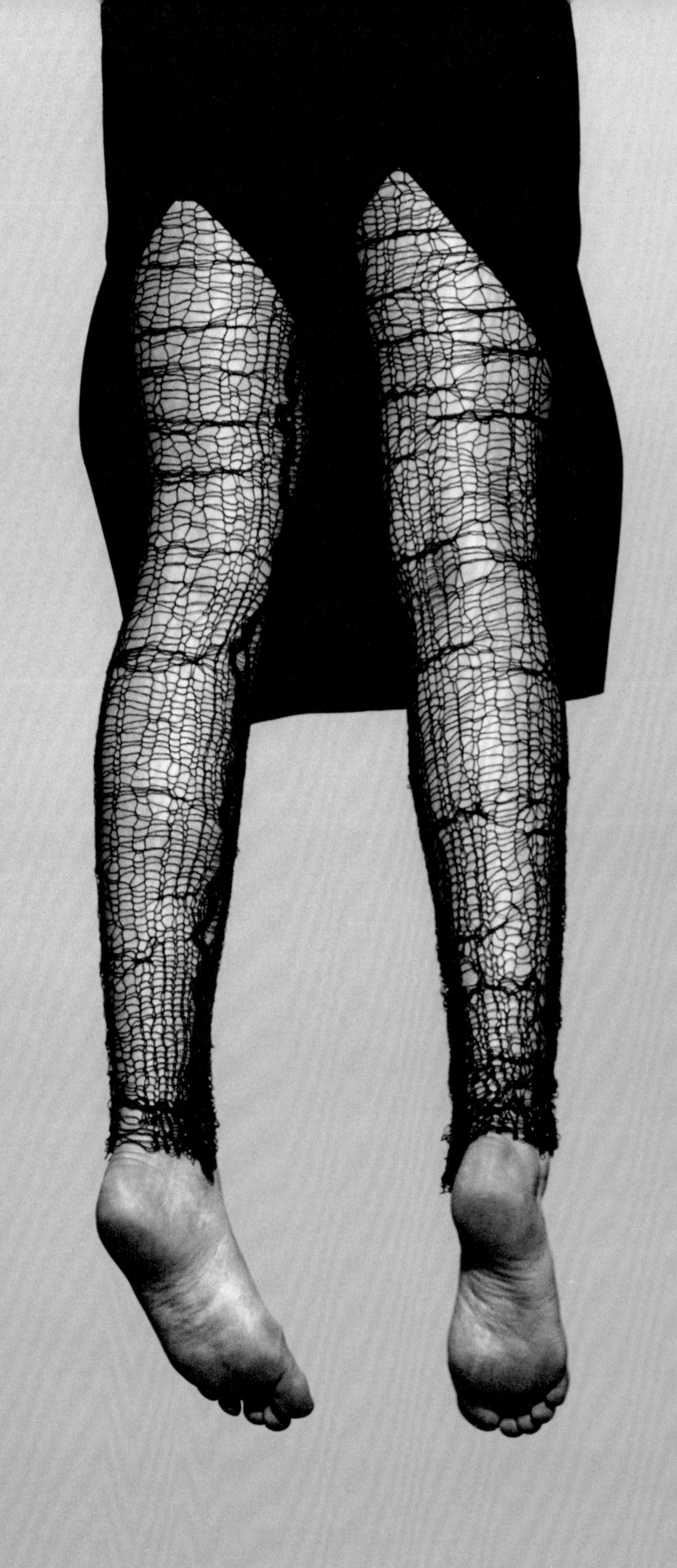

1998/1999 秋冬，“Escada 之伤，每个完美主义打工女郎的噩梦”。摄影：罗纳德·斯图普斯

上图 _1998 春夏秀邀请函
下图 _1998 春夏，打工女郎的噩梦第一部分
摄影：罗纳德·斯图普斯

1992 年，乔奇·帕罗松从安特卫普皇家艺术学院毕业，随之成为沃尔特·范贝伦东克的设计助理，一直到 1994 年。1995 年他推出个人品牌的女装线。

他的设计非常极端，可能会令人不安，乃至引起争议，然而这也是他的迷人之处。斜边裙摆，粗花呢搭配蛇皮，格子花纹还有精细的刺绣混合在一起，营造出一种近乎糟糕的品味。

尽管有这些风险，他的衣服也不难看。他呈现衣服的方式，尤其是那些照片展现出他设计系列里的情绪，给人留下了深刻而难忘的印象。

在每一季的新设计中，乔奇·帕罗松都会展现人类的特征、伤感、生存状况、信念，态度激进，情感强烈。他提出问题，而不是给出判断。他不断提出问题，而不给一个判断。

乔奇·帕罗松有种天真的幽默感，偏好强烈对比。正如他说的："人们在寻找完美的路上所犯的错误，让人们逐渐对某种理想的外观产生渴望，这正是我感兴趣的，因为那些失败的尝试总能带来一种超现实主义的形象。'对完美形象的失败尝试'和'被社会认可的形象'这两者之间的对立会引发强烈情绪回应，比如厌恶或崇拜。"

1999 春夏
对页图_1999/2000 秋冬
摄影：罗纳德·斯图普斯

安·迪穆拉米斯特（ANN DEMEULEMEESTER）

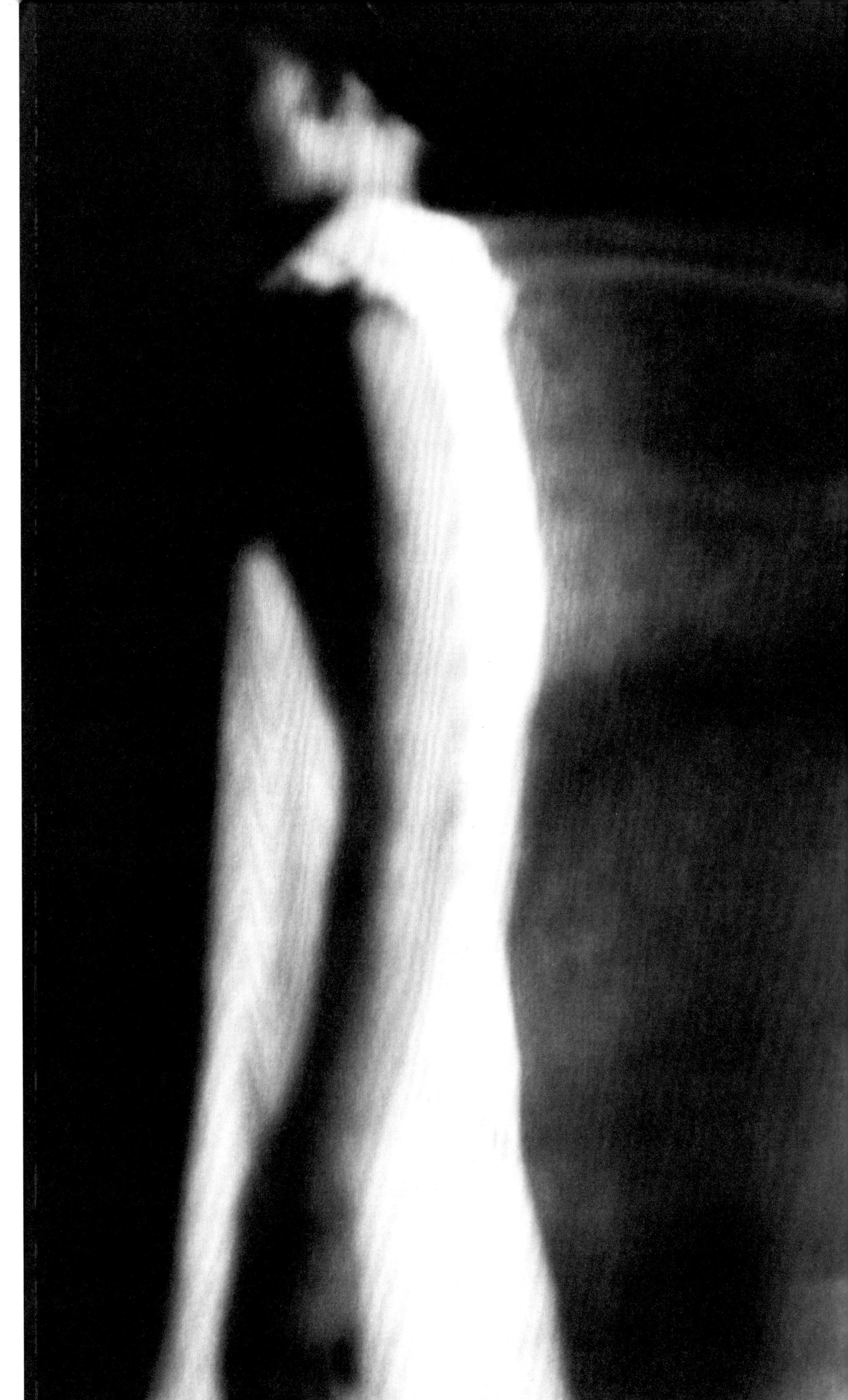

我想做些改变，改变物体下落的方式。这就像把态度转化成服装。

斯托芬·托德（Stephen Todd），《在安女王的法庭上》（*In the court of Queen Ann*），《卫报》，1997年2月8日。

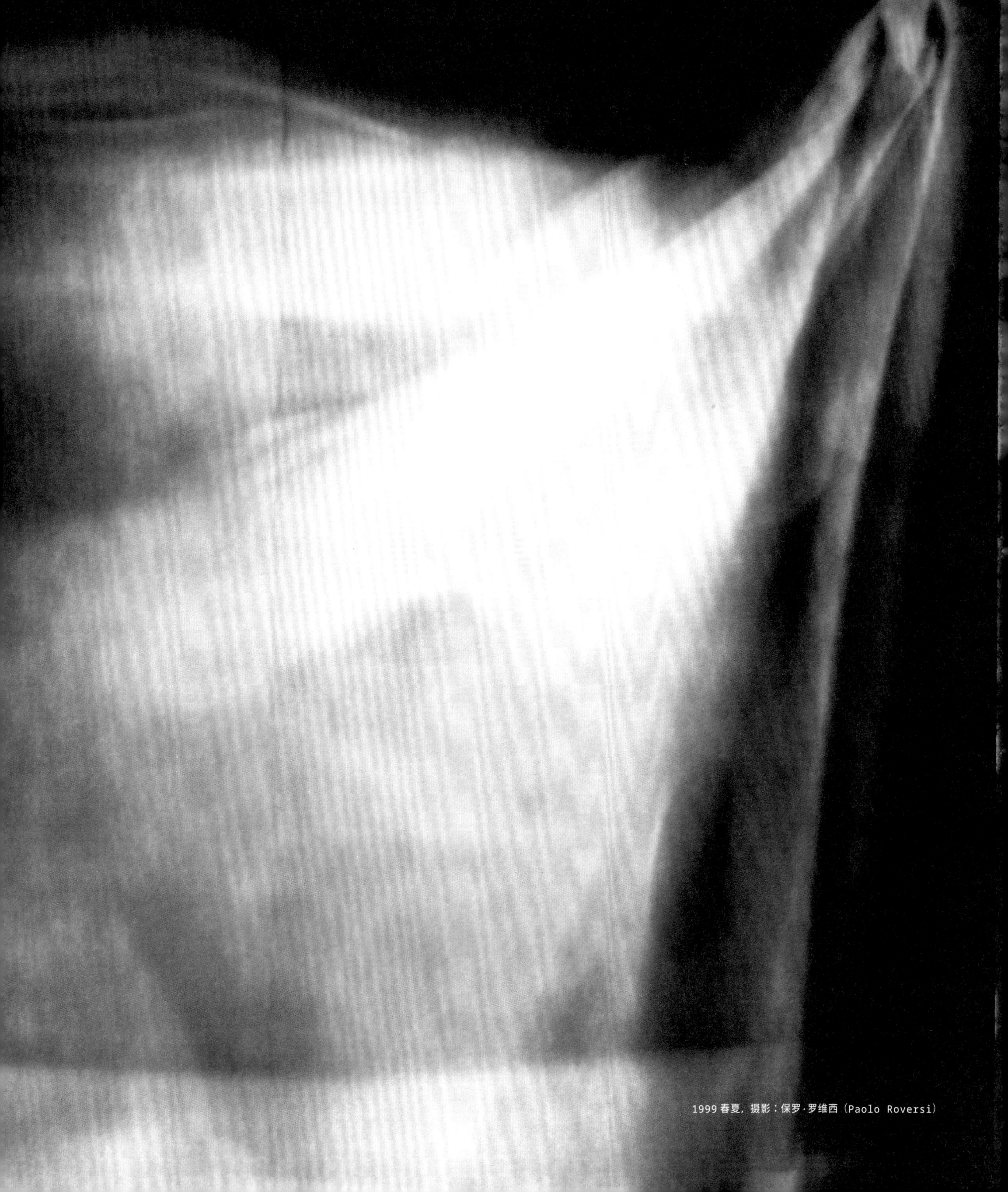

1999春夏，摄影：保罗·罗维西（Paolo Roversi）

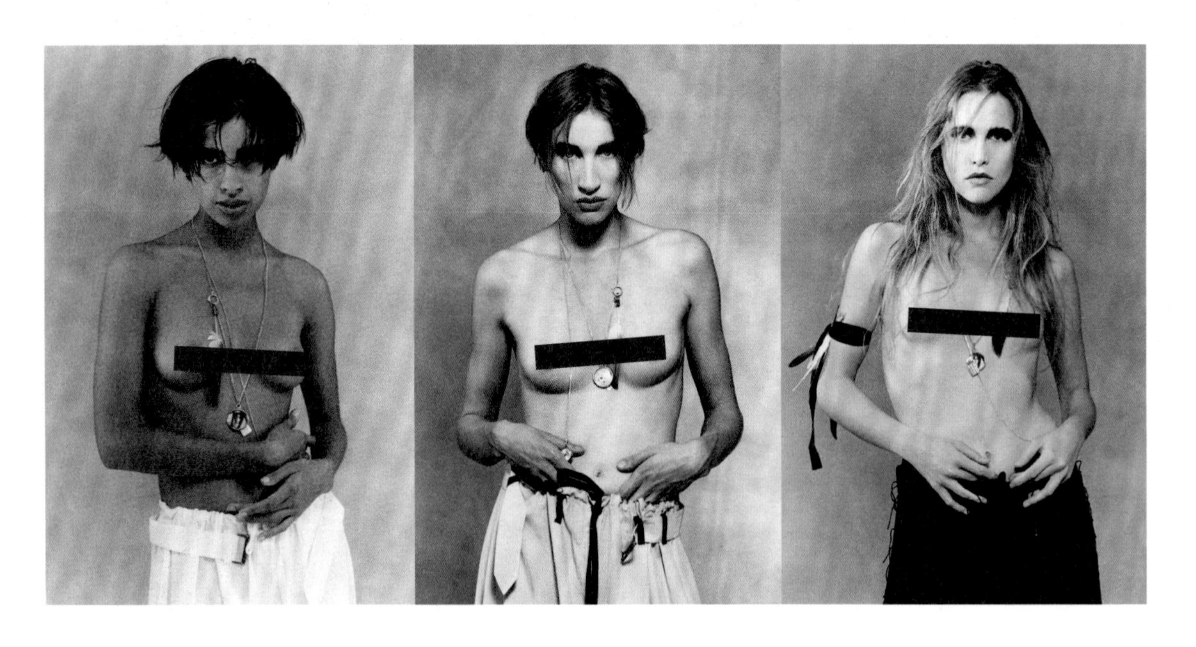

1990 年春夏，除了设计时装系列外，还设计了护身符。摄影：帕特里克 · 罗宾

自 1985 年安 · 迪穆拉米斯特与丈夫兼合伙人的帕特里克 · 罗宾一同创立公司以来，一贯保持独立精神，方向明确，稳步前行。她设计的廓形经受住了一次又一次潮流的冲击，逐渐巩固了她作为前卫、独立设计师的领先地位。她的才华、惊奇的技巧、淡雅而安静的决心，为时尚界引入了一种极难定义的情感态度，现代文化称之为灵魂。

安 · 迪穆拉米斯特坚信自己设计的服装对人们的生活是有意义的，这也是她设计时装的初衷。用她自己的话来说，“每个系列的设计都仿佛是给一位匿名之人准备礼物。”她刻苦勤勉，形成了独有的克制与线条明晰的风格，以及“设计而非装饰”的理念。

她运用极具魅力的抽象感进行创作，突破规范、性别，甚至是中性观念。她竭尽所能深入探索廓形设计。迪穆拉米斯特的作品看起来简单，细细揣摩后并非如此。她的作品不吸引眼球，而是通过流畅摇曳的线条，将剪裁的巧思作为惊喜暗藏其中。对迪穆拉米斯特来说，时尚是一种沟通方式。她在设计中，倾注了所有感情。如此对立，却又如此诗意——她的服装展现了“灵魂”的层次感。

安 · 迪穆拉米斯特 :“这是一个概念品，源于生活，又被重新估值。我想增加情感元素，有美感的事物……”
艾格尼丝 · 古瓦茨，《没有真正感受到的都是虚无》(*Lets waar je niets bij voelt, is leeg*)，*De Morgen*，1992 年 12 月 12 日。

由 Bulo 于 1996 年生产的“白桌（Table Blanche）”家具。与帕特里克 · 罗宾合作。桌上覆盖着画家的画布。此桌可在日常大量而密集地使用，这个是对设计家具短暂使用特性的批驳。只需在帆布表面涂上一层新的油漆，桌子便可焕然一新。摄影：帕特里克 · 罗宾

1997春夏，斯特拉（Stella）和柯尔斯滕（Kirsten）与狗。摄影：彼得·林德伯格（Peter Lindbergh）

1992 春夏 | 1992 春夏 | 1992/1993 秋冬 | 1992/1993 秋冬

1993 春夏 | 1993 春夏 | 1993/1994 秋冬 | 1993/1994 秋冬

1993/1994 秋冬 | 1993/1994 秋冬 | 1994 春夏 | 1994 春夏

1994 春夏 | 95 春夏 | 1995/1996 秋冬 | 1996 春夏

1996/1997 秋冬 | 1997 春夏 | 1997 春夏 | 1997 春夏

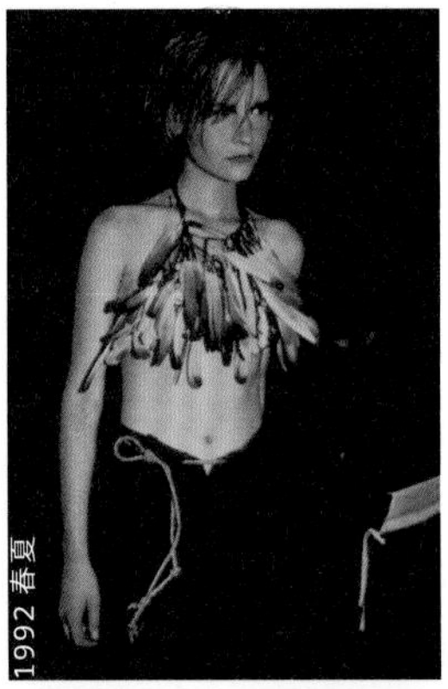

1992 春夏到 1994/1995 秋冬，摄影：马琳·丹尼尔斯

1995 春夏到 1999 春夏，摄影：克里斯·摩尔
1999/2000 秋冬，摄影：丹·莱卡（Dan Lecca）

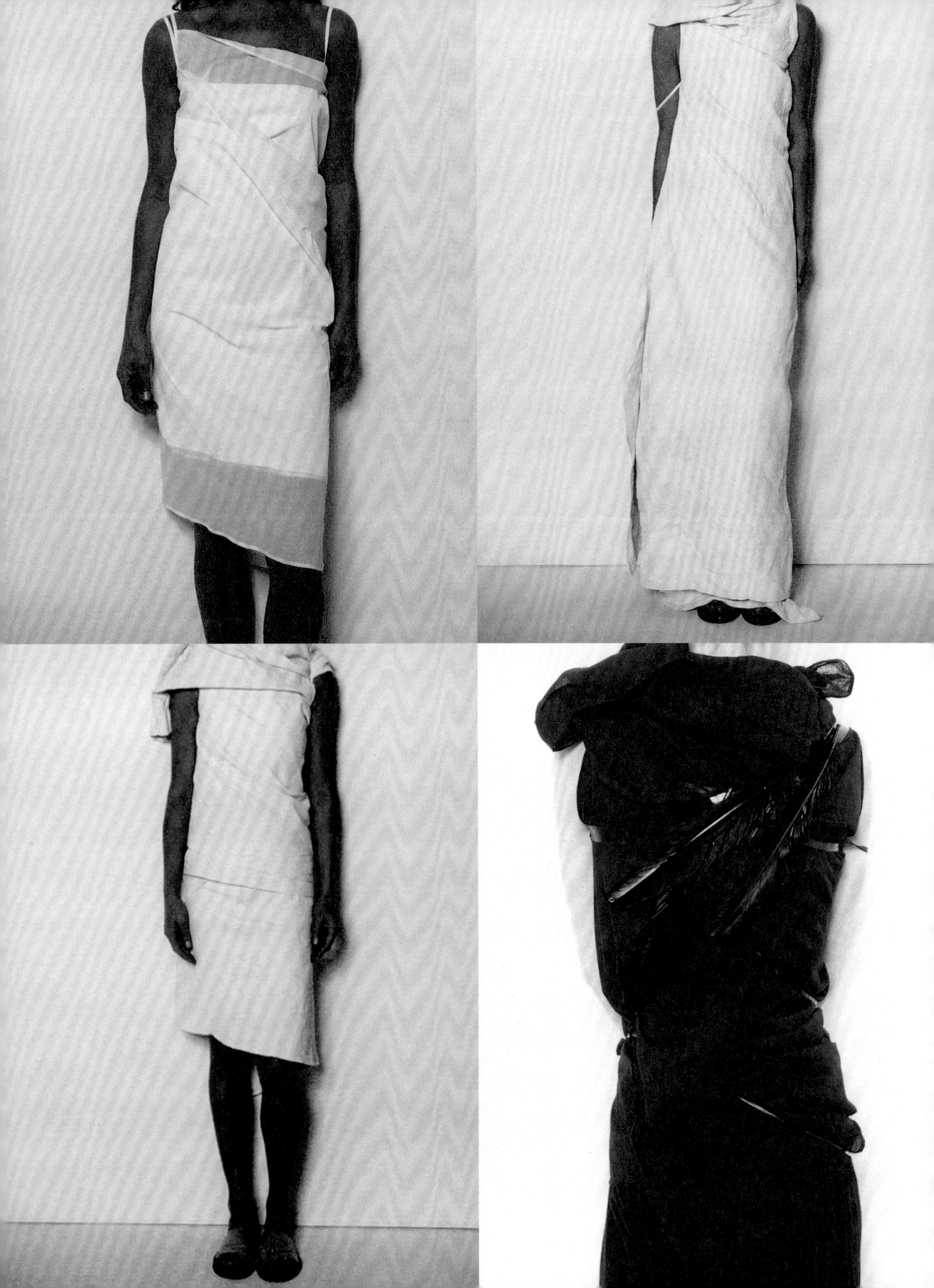

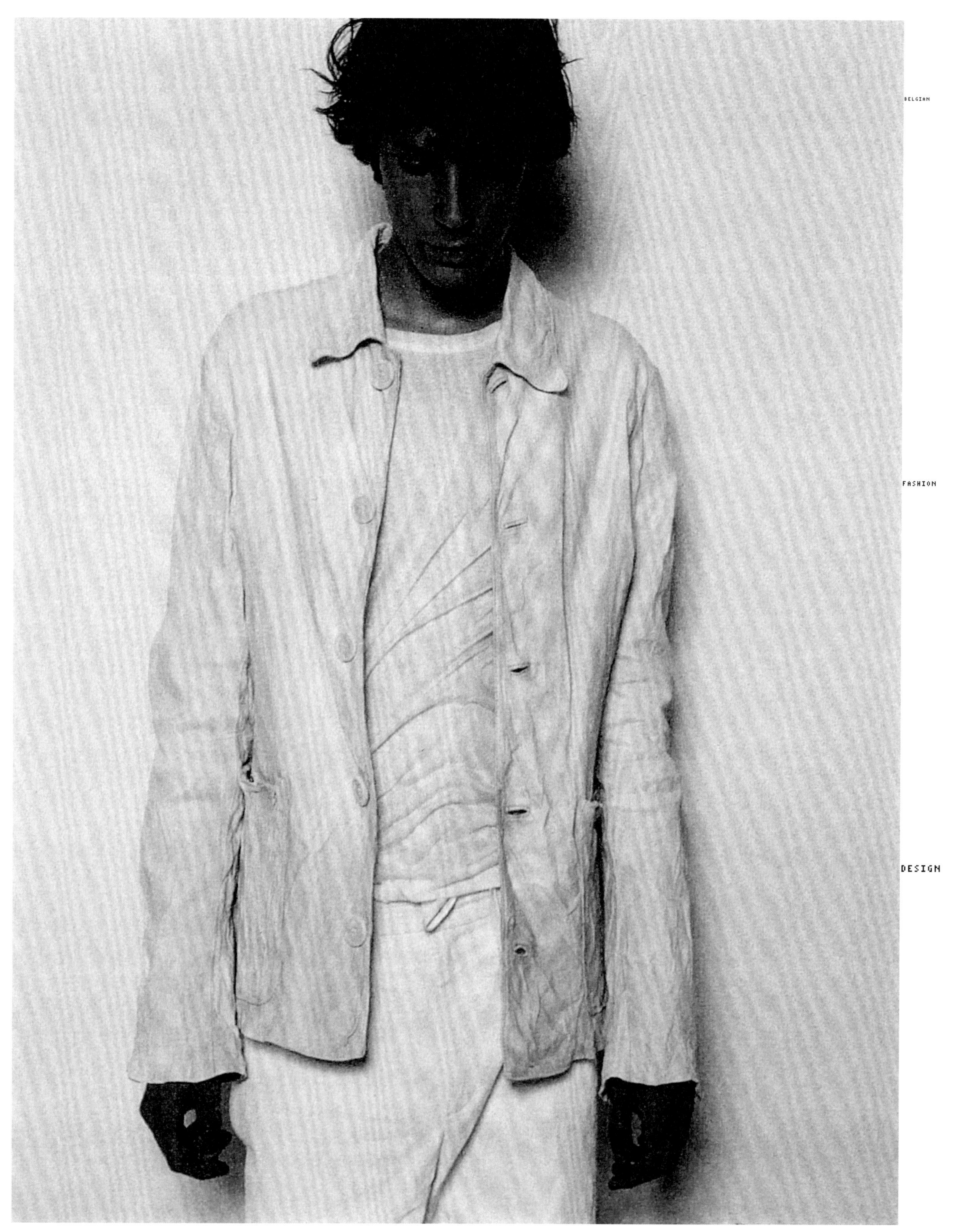

1999 春夏，摄影：帕特里克·罗宾

黑白是她服装系列中经常出现的元素，相比色彩和装饰，安·迪穆拉米斯特更在意阴影和造型。服装就像黑白照片，捕捉了事物的本质。这是“明暗对比法”或反差的作用。

她从“少即是多”的前提出发，最后确定的廓形都经过了彻底的删减。黑色和白色增强了体型与动作的鲜明反差。

在处理颜料时，她会一直进行实验，直到织物吸收颜料，真正变成单色且饱和——服装与“颜料”合二为一了。

安·迪穆拉米斯特于 1996 年夏季推出了首个男装系列，她的出发点是希望打造一个“男士的衣橱”。她又一次秉持了尊重穿着者的基本态度，避免让服装掩盖了穿着者的性格。正如安·迪穆拉米斯特自己所说：“我想见这位女士或男士，而不是为她们打扮的设计师。”换句话说，衣服不是商标。

同时，她的“衣橱”已发展成为独具特色的服装系列，行销国际，蜚声世界。

各个服装系列里，用反差营造对立的方式不尽相同。她的服装系列当然也会变化和发展，但总能让人看出来“创造者”是谁。整体印象方面，她的服装通常是内敛、诗意的，但同时又从冷静中透出一丝危险，像刀锋那般简洁。认真却不严肃，细致而又创新，有力却总感性。优雅，还含有大量的摇滚元素。

安·迪穆拉米斯特不设主题。在她看来，时尚是一种生活方式，向自己提出关键问题，在试图回答问题的过程中，灵感就出现了。她的服装系列从最初的概念开始，逐步成型，最终打造完成。体型、裁剪、比例、材料的组合恰到好处，确保了想法、动作、情感准确融入服装之中。

动作如何表现？怎样让身体失去平衡？如何“裁剪”能让衣服对抗重力？思考了这些问题之后，安·迪穆拉米斯特设计出的服装即使在穿着者站立不动的情况下也能让人产生动作的错觉。裤子略微滑落、开襟毛衣敞开、褶皱连衣裙露出肩膀，都给人一种漫不经心的感觉，丝毫看不出服装背后复杂的研究过程。

如何用画家的画布设计服装系列？这个问题是 1999 年夏季系列的设计灵感。安·迪穆拉米斯特最喜欢的材料被用来制作邀请函、展品，甚至桌子，还被“翻译”成几乎是全白的服装系列。这些造型在 1998/1999 冬季系列推出的造型基础上进一步发展，根据安·迪穆拉米斯特所描述的“零基础”（“造型发布”的来源）构想而来。她没有采用常规的传统图案，而是直面服装的本质——一种可以包裹自己的材料。

这个屡屡出现的问题以及她为自己设定的艰巨任务，似乎是安·迪穆拉米斯特存在的理由。一个“去描述”的世界让全新的想法生成，简单的介入显得非常重要，没有任何对身体和穿戴研究的干扰。她精心建造一个世界，让衣服唤起所有的感情——从听任到拒绝，从安全到疏远。

布料是神圣的。

安妮·莱博维茨（Annie Leibovitz）拍摄的帕蒂·史密斯（Patti Smith）

建筑（结构）

利夫·范甘普：“构思非常重要，因为身体是复杂的，头脑是混乱的。实际上，我围绕身体绘制轮廓。基础是垂直线，结构是水平线，‘填充’则是身体。”

卡特·提利：“身体没有棱角，身体上都是曲线和小的转角。”

伊曼纽尔·劳伦特：“我认为建筑与时尚这两个学科的唯一联系恰恰在于以身体为边界。一切都是（或至少应该是）根据人体在空间三维来定义的。”

帕特里克·皮斯顿：“建筑与时尚在某种程度上是相关的艺术分支——平面图（图案）和目标（男士 / 女士）是一致的。区别在于建筑物的使用期很长，而服装的特点在于其短暂的使用期和易老化的本质。”

安尼米·维尔贝克：“我着迷于建筑与时尚之间的关系。我认为主要联系是在服装系列的结构之中。如果要建造某些东西，必须先考虑基础、整个项目、层次结构，最后是完成的细节。在我任教了八年的坎布雷国立视觉艺术高等学院，你可以看到学生在全部完成基础课程之前是如何处理细节的。”

英格丽德·范德维勒：“确切地说，我用建筑的方式工作；我先从收紧的形体、线条、对角线开始，试图将它们变为可穿着的服装。”

安·迪穆拉米斯特：“在我看来，‘建筑师’和‘装饰者’有所区别，在时尚界也是如此。你可以设计体型，也可以装饰现有的体型。有些人更关心前者，而另一些人更关心后者。我想我更像是一个‘建筑师’而非‘装饰者’。拿袖子来说，我们归零，从头开始，假设袖子还未存在，因为我们想要‘我们自己的’袖子。你认真思考其形状，思考它的功能和美感，然后尝试赋予它一种感觉或特定的动作……如果我在某一时刻的感觉与另一时刻有所不同，那么袖子也会很不一样。我可以从一个小小的袖子上看出自己充满诗意还是积极进取……实际上，你能赋予更多。”

弗朗辛·帕龙：“服装与建筑之间的联系是：本质、线条感、有框架、清晰的认同……以及一种与技术（超越或返工）之间的确定关系。不幸的是，太多的设计师是‘装饰者’或‘装饰师’，而不是建筑师……设计师和建筑师为身体提供了一个构架……至于装饰者，他们选用基本的图案和有花卉图案的面料，还认为这足以让人们去相信……‘女人如花’的概念！”

鲍勃·范里斯：“建筑的目的与时尚的目的大不相同。建筑并不是只在某一季出售。建筑风格更持久，建筑物必须能够为两代人、三代人提供住处。这就是为什么不建议‘量身定制’建筑物的原因；最好是建造‘智能废墟’，另一代可以改造建筑物以适应自身的需求。显然，服装则非常不同，量身定制使其价值增加，因为它的使用期不是很长。当然，有些设计师着眼于‘二次使用’，会跟马丁·马吉拉一样，将服装回收利用。”

索尼亚·诺尔：“节奏太快了，一年制作两个季节的服装系列需要大量好的想法，要是一季只需要准备一衣架的衣服就好了。在这里，自然选择，优胜劣汰。因此，人们想知道为什么设计师不试试寻找一种方式来逃避压力。”

德克·比肯伯格：“对我来说，每件服装都是我建造的建筑。”

杰西·布鲁斯：“穿着衣服就像住在房子里一样。有人喜欢城市，有人喜欢乡村。有不整洁的人，也有整洁的人。”

鲍勃·范里斯：“我认为有能力的设计师能够成功制作出看不出来的‘隐形’设计，而不是独有的设计。你几乎必须对一个人的设计方法产生兴趣才能看出来其设计的含义。这几乎适用于与文化相关的所有方面。这需要付出一定的脑力。”

"……一个悖论，这个悖论由时尚和建筑之间的两个公认的但显然互相冲突的等式所组成：

1. 短暂：与快速变化的时尚不同，建筑是静态的；

2. 装饰：建筑，就像时装一样，为躯壳着装。"

Paulette Singley and Deborah Fausch, "Introduction", *Architecture: In Fashion*, Princeton Architectural Press, New York, 1994, p.7

Maison Martin Margiela, 1997 春夏，"半定制"。将工作室内各阶段未完成的衣服用立裁大头针别在用以包裹立裁人台的粗麻制外衣（或人体模型）上。这些穿在身上的服装始终保持在未完成的结构状态。摄影：罗纳德·斯图普斯

"当服装产业的时尚要素转向建筑时，对人工制品的复制必然会减少模仿，并且会更倾向于以概念为导向。"

Val K. Warke, " 'In' Architecture. Observing the mechanisms of fashion.", *Architecture: In Fashion*, Princeton Architectural Press, New York, 1994, p. 127

Ann Demeulemeester，1998/1999 秋冬，摄影：克里斯·摩尔

WRAP-SECTION

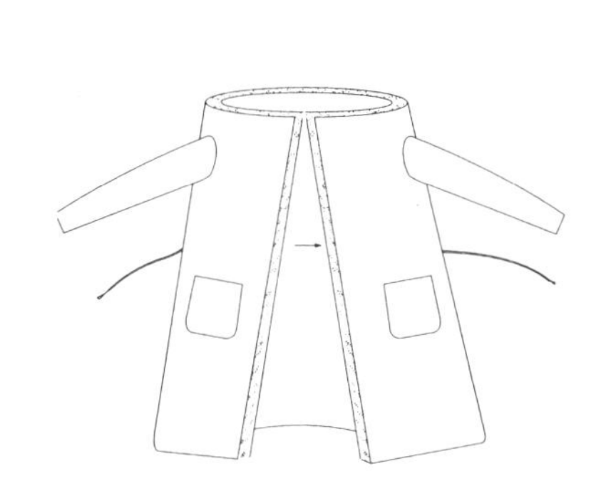

These clothes are made from a **square piece of fabric** with **sleeves attached**, which can be wrapped around the body and held together with a piece of cord or safety-pins.

POP-UP-SECTION

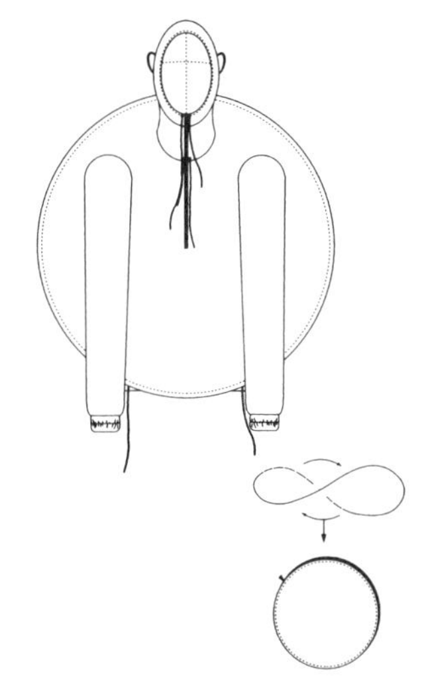

Circle-shaped garments are twisted into their pocket. Once taken out, they **pop-up** to their original and ready-to-wear form.

RIB-SECTION

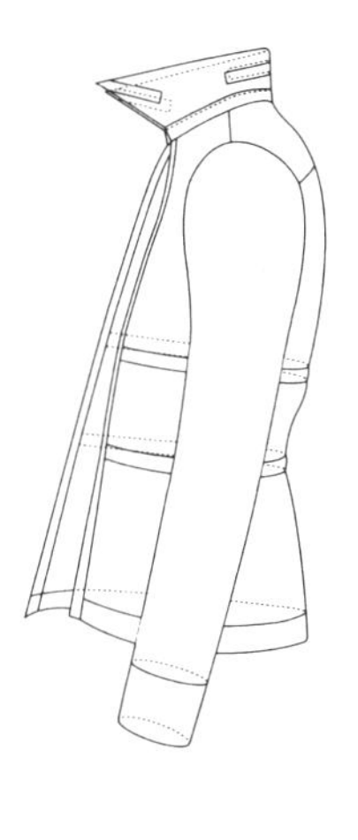

Garments without fastenings in the front are clamped around the body by means of **oval-shaped metal baleens**, resembling metal ribs. Furthermore, **collars** are starched stiff, supported by baleens and strictly worn '**up**', giving the clothes a 3-dimensional effect, even on their hangers.

PUZZLE-SECTION

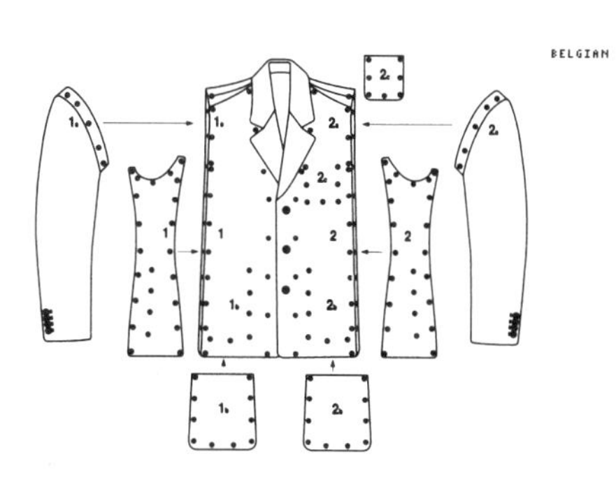

These clothes are constructed with seperate components, additional options available, resulting in a range of wearing-possibilities: **formal**, **protective** or **abstract**. Each piece will be packed in a box, with instruction manual, just like a puzzle. All options are sold seperately.

从左至右_大衣_W2000/40/Q维多利亚式绗缝毯_脚趾鞋_颜色_星白色
_弹出式_K-way_W2000/44/203_颜色_火焰猩红色
_罗纹外套W2000/20/502_颜色_星白色_迷你裙_W2000/45/Q_维多利亚式绗缝毯
_拼图西装外套的左袖子_W2000/01/301_颜色_火焰猩红_紧身连衣裤带兜帽和手套W2000 /103/7
Walter Van Beirendonck, 1999/2000秋冬, "无参考来源（No References）"。摄影：丹·莱卡

克里斯托夫·查隆 (CHRISTOPHE CHARON)

我逆风而行
走得越远
越能感觉到风的猛烈
风让我前行

SHOW / FASHION IS A SHOW
METAMORPHOSIS / FASHION IS A DRAG
LANGUAGE / CLOTHES DON'T SPEAK

ART / CLOTHES ARE CLOTHES

秀 / 时尚是一场秀
变形 / 时尚令人生厌
语言 / 服装不会说话
艺术 / 服装只是服装

BELGIAN

STYLE / PEOPLE MAKE THEIR OWN STYLE
METAMORPHOSIS
BARENESS / CLOTHES ARE COVERING THE BODY

风格变化 /
人们有自己的风格
赤裸 / 衣服遮住身体

BODY / PEOPLE MAKE THEIR OWN BODY
MATERIAL / CLOTHES ARE MATERIAL
METAMORPHOSIS
BODY
ARCHITECTURE / CLOTHES ARE CONSTRUCTION

STREET / PEOPLE MAKE THE STREET

身体 / 人们塑造自己的身体
材料 / 衣服是材料的变形体
建筑 / 服装是建筑结构
街道 / 人们创造了街头文化

FASHION

ANDROGINITY / MAN=WOMEN=MAN
IDENTITY / PEOPLE MAKE THEIR OWN IDENTITY
ACCESSORIES / CLOTHES ARE ACCESSORIES
LANGUAGE

中性 / 男性 = 女性 = 男性
身份 / 人们定义自己的身份
配饰 / 服装是配饰
语言功能 / 服装具备功能性

FUNCTION / CLOTHES ARE FUNCTIONAL

CRAFT / CLOTHES ARE THE RESULT OF CRAFTMANSHIP

HISTORY / PEOPLE MAKE HISTORY
CODE / FASHION IS A CODE

工艺 / 服装是工艺技术的具体表现
历史 / 人们创造历史
代码 / 时尚是一种代码
诱惑 / 时尚就是诱惑

DESIGN

SEDUCTION / FASHION IS SEDUCTION
MEDIA / FASHION IS MEDIA
PUBLIC / PEOPLE MAKE THE PUBLIC
OPPORTUNITIES / PEOPLE MAKE THEIR OWN OPPURTUNITIES
ENTOURAGE / PEOPLE MAKE THEIR OWN ENTOURAGE
FORMATION / PEOPLE FORM THEMSELVE

媒介 / 时尚就是媒介
公众 / 人是公众的基础
机会 / 人们会为自己创造机会
随行 / 人有从众性
形成 /
人们会树立形成自我形象

沙维尔·德尔科尔 (XAVIER DELCOUR)

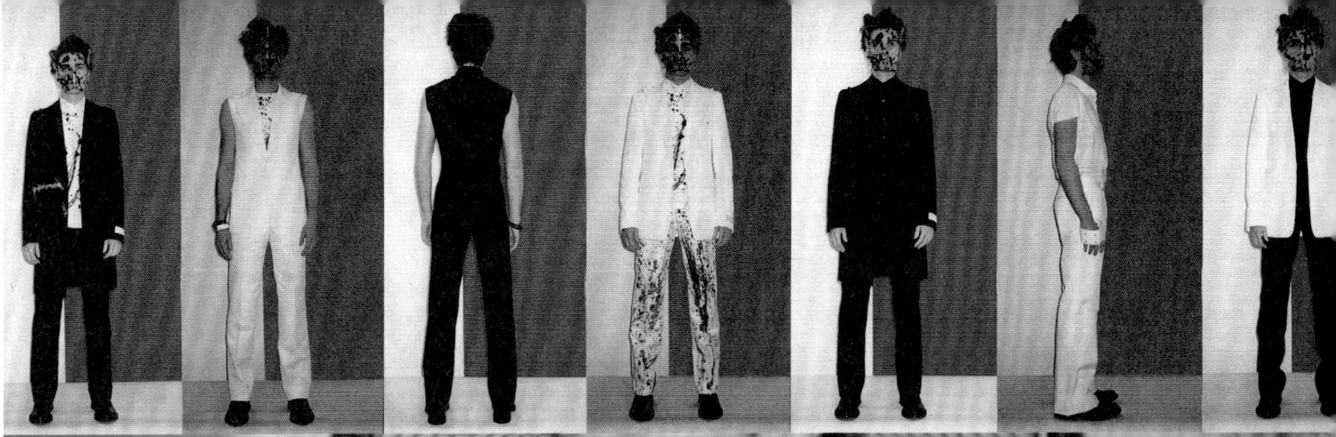

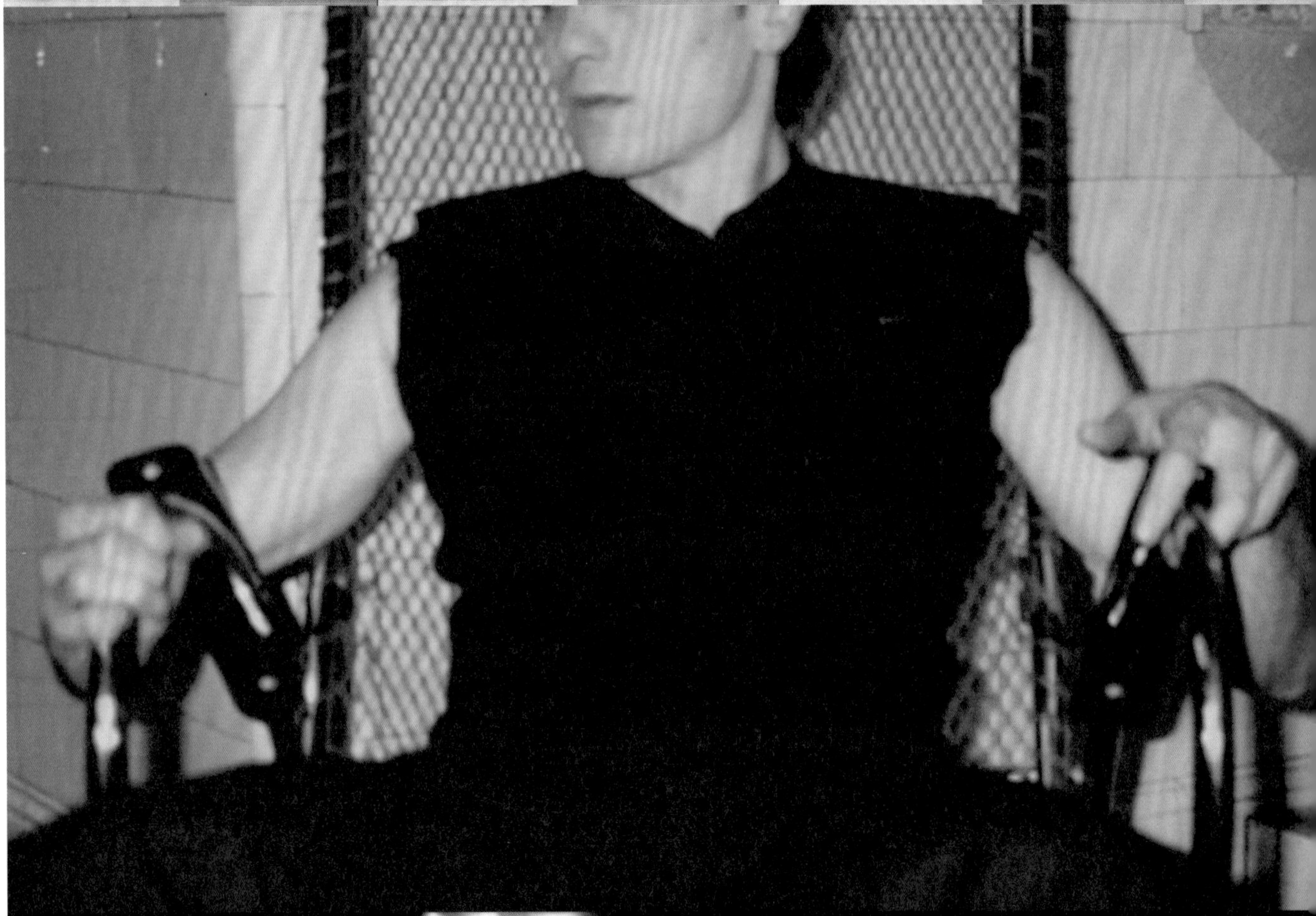

上图_1999春夏,“紫外线(Ultra-violet)”,摄影:迪迪埃·韦尔瓦伦(Didier Veraeren)

中图_1998/1999秋冬,“Carré Blanc”,摄影:米歇尔·达马内特(Michel Damanet)

下图_1999/2000秋冬,“黑色钻石”,摄影:韦德·H.格林布利(Wade H. Grimbly)

1997/1998 秋冬，“夜晚最短，压力最大（Minimal Night, Maximum Stress）”。
摄影：托尼·德尔坎普（Tony Delcampe）

1998/1999 秋冬，“Carré Blanc”。
摄影： 托尼·德尔坎普

1999/2000 秋冬，“黑色钻石（Black Diamond）”。
摄影：纳西丝·托多尔（Narcisse Tordoir）

摄影：纳西丝·托多尔

摄影：韦德·H. 格林布利

1995 年，沙维尔 · 德尔科尔在“欧洲青年设计师节”上获得了“男装系列奖”“最佳新闻奖”“绝对伏特加奖”。同年 9 月，他推出了名下首个男装系列（1996 春夏）。

沙维尔·德尔科尔的时装系列从容优雅。他设计的男装起初看起来理性，甚至传统。西装剪裁严谨严格，便于穿着。总体印象是修长，但不局促：裤子笔直，运动外套通常有点方肩。偶尔呆板，但时刻是优雅的。黑色主导，强调轮廓，呈现出“最佳表情和最帅姿态”。

一季接一季的服装系列都采用了两种颜色的原则：黑色和粉色、黑色和紫色、黑色和白色、黑色和红色……颜色总是纯净而直接。沙维尔 · 德尔科尔创造出属于他自己的风格，介于 20 世纪 80 年代的黑色花花公子和 90 年代的雅痞之间。水钻反复出现，非常适合夜晚。夜晚最短，水钻最多。对沙维尔 · 德尔科尔而言，水钻既不是配饰，也不仅仅用来闪光，而是作为颜色来使用。一些衬衫和外套是无袖的，露出剪裁处未经处理的边缘，裤腿的末端有缎带，有时下摆看起来似乎还未完成，外套的金银丝面料衬里垂下，打造出一种凌乱的造型。

他的作品有一点儿娱乐的概念，主要与夜生活及其邂逅、气氛、印象的流逝有关。在夜间，他设计中阳刚的线条与全新面貌的材料一同闪耀。带有金银丝条纹的羊毛西装照亮了它所保护的身体；镶有钻石的棉质外套，闪烁着星星般的光芒。

这个作品“随时准备转变为夸张的坏品味”，总是使我们面对“现成的”东西——一种强烈的渴望和取悦的热情……

街头（竞技舞台）

Walter Van Beirendonck的副线 W.&L.T.，1997春夏，“欢迎小陌生人（Welcome Little Stranger）”。摄影：罗纳德·斯图普斯

沃尔特·范贝伦东克："我觉得任何一个设计师，在街头看到人们穿着自己设计的服装，都会情绪激动。这是毋庸讳言的。事实就是有人真金白银买了它，所以它才会被人穿……这的确会让你兴奋不已。我想，即使你的设计很有实验性，但街上发生的一切显然是最重要的。"

摄影：伯特·霍布雷希茨

行驶在伦敦街头的设计师安·惠本斯的流动展厅"珍妮"号，车身涂成了Tranche de vie主题。照片提供：Ann Huybens

摄影：伯特·霍布雷希茨

杰西·布鲁斯："大街上的广告牌和购物袋是街头时尚最重要的展示方式。"

德克·范沙恩："你在街头看到的才是真正的时装。时装杂志试图定义哪些衣服可能流行，买单者则是盲目赶时髦的时尚受害者。两者之间有巨大的差别。"

尼尼特·穆克："流行潮流通常首先出现在街头，然后被设计师汲取并转化成他们的最新时装系列。然后，这些经过再设计的版本再次在街头消失，如此轮回反复。在不同的街道上，被不同的人穿着。"

丽莲·克里姆斯："你从大街上人们的着装就可以很容易确认：哪些设计可以生存，哪些不能。"

斯蒂芬·施耐德："相较于亚文化的影响，这些时装设计更多地受到了当时流行的时代精神的影响。时装通常是日常生活的反应。"

沙维尔·德尔科尔："街头时尚激励我前行并让我更进一步。"

罗纳德·斯图普斯和英奇·格罗格纳："在过去三十年里，街头风景对时尚界已经变得非常重要，它们之间确实存在着深刻互动。与过去不同的是，时尚不再能决定街头风景，因为每个人都在穿自己喜欢的衣服。"

伊曼纽尔·劳伦特："观察人们穿着我设计的衣服时的状态，看他们怎么把我设计的衣服和其他的衣服混搭在一起，这事儿让我乐此不疲。所以，对我而言，每一天的环境和街景都是灵感的源泉。"

帕特里克·皮斯顿："街头时尚是一个重要因素。因为街头人群也就是我们设计师的服务对象。街上行走的每位女士，都可能是我们的顾客，对我来说这些就是完美的'学校'。"

德赖斯·范诺顿："街头的反馈通常来得太晚了，同样，街头能带来的灵感也来得太晚了，除了薇薇安·韦斯特伍德（Vivienne Westwood），她的设计受到了朋克时装的启发。"

英格丽德·范德维勒："全世界各国首都的街头时尚肯定会影响时尚潮流，反之亦然。但对我来说，这既不是灵感的源泉，也不是设计思路的出发点。"

琳恩·肯普斯："一个设计师可以专注多个目标群体，街头人群是其中之一，但不需要视之为最重要的。"

弗朗辛·帕龙："一个无限期循环往复的现象……当时尚不冒风险，不被注目，不被批评时，那么它就难逃灭亡的命运，尽管这很残酷。"

索尼亚·诺埃尔："在我看来，一个时装系列的街头声望是完全不重要的，因为装扮那些有个性的人远比改变街景来得重要。换言之，个人比群体重要。"

格迪·埃施："'街头时尚'的确可以在时尚中发挥作用，嬉皮士和朋克文化就是很好的例子。我们的社会有多元文化性质，并在当今的时尚文化中发挥着重要作用。"

琳达·洛帕："街头声望与时装品质无关。我们的设计师坚持不断地拓展着他们的创造力极限，但他们确实被全世界接受了。"

Walter Van Beirendonck 的副线 W.&L.T.，1994/1995 秋冬，“全方位的文化冲突（Cosmic Culture Clash）”，这是他们在巴黎的第一场秀，摄影：阿勒冈德·范阿尔森奈（Alegonde van Alsenay）

对页图从左至右 _ 摄影： 卡尔·布鲁因顿克斯 & 伯特·霍布雷希茨
_ 摄影： 卡尔·布鲁因顿克斯

语言（再现）

摄影：卡尔·布鲁因顿克斯

德赖斯·范诺顿："实际上，我们设计的系列中最让人兴奋的地方在于'我们设计的服装可以改变街头时尚'这事儿所蕴含的意义。"

安·迪穆拉米斯特："我发现，街上那些穿着我设计的衣服的人大都是我想要接近的人。我非常尊重女性，尊敬他人，所以无法妄言妄听。我总是想：她这样着装，一定有其理由，通常我能理解她的初衷。这位女士对美的衡量标准和我可能完全不一样；我哪有资格对她说三道四呢？如果一个人用自己的方式找到了快乐，我觉得这事儿就很好！

"最棒的事儿就是有人走到我面前说：'谢谢你，我很喜欢穿这件衣服，这是我的衣服，它已经成为我生活的一部分。'我真的为这个人的生活添加了点什么。"

琳恩·肯普斯："年轻人在大街上的穿衣方式，过不了多久就会出现在 T 台上。"

Eliot Van Antwerp："是的，街头着装改变着时尚的潮流，我认为这很棒。街头时尚的作用与天赋之权是摆脱时尚、诠释时尚，以及最重要的是丰富时尚。它为我们提供了另外一种形象。"

阿齐尼夫·阿夫萨："每一件时装都不是中立的。如果有人买我设计的衣服，那是因为他们具有穿这些时装的个性（品位），同时，这些时装也满足了他们个性表达的需求。你必须得让人们自由选择，让他们按照自己的心意穿衣。"

杰西·布鲁斯："你在大街上看到的并非时尚，不过，

某些装扮启发了设计灵感，比如从滑板少年到街头不良少年的装扮。在过去，时尚按照自己的规律缓慢地走近人群。现在情况正好相反。”

米里亚姆·伍尔法尔特（Myriam Wulffaert）：“街头不会改变时尚，但它会给时尚带来活力。”

沃尔特·范贝伦东克：“过去，你在街上能看到很多有趣的着装。今天，我发现除了偶然的亮点之外，你在街上看到的装扮是平淡无奇的。曾经有一段时间，在时装发布一年以后，你还可以在大街上看到 Comme des Garçons 的设计思路，那是其他大型服装厂商的抄袭之作。现在，大型制造商仍然在抄袭模仿，仍然了无新意。你会一而再再而三地看到类似的服装。

“如今，交流变得越来越内部化。这种交流发生的两端一端是设计师，一端是决定着街头穿着的大型服装厂商。”

维罗尼克·布兰奎尼奥：“我并不期望街头行人从头到脚都穿着我设计的衣服，我更希望他们能增加一些个人化的东西。一场时装秀最终所展现的是我的个人审美，我不期待每个人都以我的理念看待我的衣服。”

马丁·范马森霍夫：“我只为与自己的设计有关的搭配试验而鼓掌。”

奥利维尔·泰斯肯斯：“人们肯定会改变设计师们所预期的时尚外观。只要看看在 Chanel 时装秀上的销售女郎们就能明白了。她们都穿着前一季的同一个系列，她们都完全背离了最初的理念。

“不过，这些街头时尚再离谱也不会把一条裤子穿成一件毛衣。一件衣服自有其寿命，只是设计师也不知道而已。在时尚界浸淫多年的人会谈论时尚走向街头这事儿。”

沃尔特·范贝伦东克（WALTER VAN BEIRENDONCK）

小红帽是个单纯的小姑娘，她希望看到祖母躺在床上等着她，要么看到她，要么想要看到她，要么看到被子下面有只食肉动物在蠕动——这种经历让她迷惑，她竟不理性地去质疑自己到底看到了什么。于是，她盯着它看，看的时间太长了，她被狼吞食了。然而，狼犯下了典型的错误，就是吃饱就睡了，结果，狼被开肠破肚，小红帽死里逃生，获得新生并幸福终老。倘若忽略这个故事里不加掩饰的攻击与暴力情节（狼吃了孩子，猎人撕裂了狼），这故事的结局是大团圆。

我们都知道小红帽的故事。童话根植于久远的故事、传说和神话中，在人类的初始阶段，它帮助人们克服了对未知、黑暗和死亡的恐惧。它讲述了人类初期的状况，那时候，人类无知而迷茫，跌入情感和欲望的深渊，变得奸诈、贪婪和沉溺于作乐，这些故事汇聚了在这世上生存下去的经验。人们的生活被众多虚构的生物主宰，从众神到小矮人（侏儒），即使我们并不理解其真实含义，也对它们很熟悉。

神话故事见证了一系列“被征服的知识”，这些知识在流行文化中幸存下来，尽管人们一再试图操纵、孤立、约束乃至否认这些知识，例如宗教法庭、现代学术界乃至精神病学。

即使战后现代主义的排他性思维已经把王子、精灵、吸血鬼和蝙蝠侠等这类题材都驱赶到了精神活动的最底层，在一些保留的领域，诸如童话、漫画、低俗小说、电影、流行歌曲等，广大民众还是倾向于在那里发现他们的“人类命运”，而不是在宏大的政治和社会理论中寻找答案。

1976年，米歇尔·福柯提出了一个“被奴役的知识的暴动”观点，他认为其特征是“……与权力斗争的历史知识有关……不够格的流行的知识（民间传说）中……充满敌对冲突的记忆，即便到了今日，依然被限定在知识的边缘”。[1]

这是对批判性修正主义的确认，是一次放弃“普世知识”的运动，并且抵制前卫派及其机构的臆断。举例说明，在德国艺术家安塞尔姆·基弗（Anselm Kiefer）的时代里，德国最初的民族神话被纳粹操纵并且自第二次世界大战以来完全被压制，神话被涂抹在画布上，类似“这是德国的根基，永远不要忘记”。

在20世纪80年代初，西方文化再现批判主义。前卫派们劲头十足，连续尝试修改全球的观念，每一次修正后，前卫派都沾沾自喜地祝贺成功，实则是被淡化，最终不过是象牙塔内自鸣得意的争吵而已。新议程涉及公共机构的“权力 - 知识”，并开始对其排斥机制提出激进的质疑。

有许多迹象表明，新冲动再现，例如设计师川久保玲为自己的品牌 Comme des Garçons 举办的首秀就已经表明，即使是时尚协会也能包容一定数量的重要的美和品位。像许多同代人一样，范贝伦东克似乎敏锐地捕捉到这些主流之外的特例（任何人，只要年轻时代曾在寄宿学校里接受过“法律和秩序”的教育，就肯定会与之有冲突，即使对抗的形式很幼稚）。

W.&L.T.，1997/1998秋冬，“阿凡达（Avatar）”，沃尔特·范贝伦东克的肖像。摄影：让 - 巴蒂斯特·蒙迪诺（Jean-Baptiste Mondino）

而在这一关键时刻，马丁·马吉拉发起了一个考古运动，这个运动一再质疑并解构那些来自时尚的假设，而范贝伦东克则选择了对抗。换言之，他的批评不是基于对这个质疑的详细审查，而是基于对抗，他列举了一连串的其他的“被征服”的问题。他在服装设计上引入了边缘化的、被主流社会拒绝的象征性符号，如具有性虐属性或科幻服饰。他的下一个对抗行动是激进地重新引入神话。作为一个完全成熟的“神话学家”，他唤起了我们集体记忆中的图像与故事，然后用现代科技和网络文化规避它们。它们无懈可击地连缀在一起的事实，似乎显示了对互联网等现代高科技的认可，并说明古代神话中发生的事情并不太遥远，上帝曾经用一场史前大洪水威吓我们，而今，我们面对的是臭氧层上的一个洞穴。

吕克·德雷克

注释：

1. Michel Foucault, “A Lecture”, Art in Theory. 1900-1990. An Anthology of Changing Ideas; Blackwell, 1992, Oxford Uk & Cambridge US, p.972

1994 春夏，“爱情（Robinet d'Amour/Labours of Love）”。摄影：罗纳德·斯图普斯

上排从左至右_
Walter Van Beirendonck,1986/1987秋冬,"坏孩子(Bad Baby Boys)"。摄影:帕特里克·罗宾
Walter Van Beirendonck, 1988春夏,"Un Autre Monde"。摄影:菲尔·因克尔伯格(Phil Inkelberghe)
Walter Van Beirendonck, 1989春夏,"金刚怪(King Kong Kooks)"。摄影:罗纳德·斯图普斯_插图:简·博舍特(Jan Bosschaert)
Walter Worldwide, 1990/1991秋冬,"宇宙大爆炸(The Big Bang)"。摄影:罗纳德·斯图普斯

中间图_
Walter Worldwide,1989/1990秋冬,"激烈节拍(Hardbeat)"。摄影:罗纳德·斯图普斯_插图:简·博舍特

下排从左至右_Walter Van Beirendonck,1987春夏,"让我们聊聊童话吧(Let's Tell a Fairy Tale)"。照片提供:Walter Van Beirendonck
Walter Worldwide, 1991春夏,"火灾燃料(Fuel for the Fire)"。摄影:罗纳德·斯图普斯
W.&L.T., 1995春夏,"跨越彩虹(Over the Rainbow)"。摄影:罗纳德·斯图普斯

左上图 _W.&L.T.，1993 春夏，“狂野和致命废物（Wild and Lethal Trash）”。摄影：罗纳德 · 斯图普斯

右上图 _W.&L.T.，1993/1994 秋冬，“世界的纪念品（Souvenirs of the World）”。摄影：罗纳德 · 斯图普斯

下图 _W.&L.T.，1994/1995 秋冬，“全方位的文化冲突”。摄影：罗纳德 · 斯图普斯

NEWZ
ALIENS
THE FUTURE!
Luxury

本页
W.&L.T.，1998 春夏，“对美的迷恋（A Fetish for Beauty）”。摄影：弗兰克·杜穆林（Frank Dumoulin）

对页
第一排从左至右_W.&L.T.，1995/1996 秋冬，“天堂娱乐出品（Paradise Pleasure Productions）”。摄影：让 - 巴蒂斯特·蒙迪诺
W.&L.T.，1995/1996 年秋冬，“天堂娱乐出品（Paradise Pleasure Productions）”。摄影：让 - 巴蒂斯特·蒙迪诺
W.&L.T.，1997/1998 秋冬，“阿凡达”。摄影：罗纳德·斯图普斯
W.&L.T.，1997/1998 秋冬，“阿凡达”。摄影：罗纳德·斯图普斯

第二排从左至右_W.&L.T.，1995/1996 秋冬，“天堂娱乐出品（Paradise Pleasure Productions）”。摄影：让 - 巴蒂斯特·蒙迪诺
W.&L.T.，1995/1996 秋冬，“天堂娱乐出品（Paradise Pleasure Productions）”。摄影：让·巴蒂斯特·蒙迪诺
W.&L.T.，1996 春夏，“杀手 / 星际旅行 /4D-Hi-D（Killer/Astral Travel/4D-Hi-D）”。摄影：克里斯·鲁格
W.&L.T.，1997/1998 秋冬，“阿凡达”。摄影：罗纳德·斯图普斯
W.&L.T.，1997/1998 秋冬，“阿凡达”。摄影：罗纳德·斯图普斯

第三排从左至右_W.&L.T.，1996 春夏，“杀手 / 星际旅行 /4D-Hi-D（Killer/Astral Travel/4D-Hi-D）”。摄影：克里斯·鲁格
W.&L.T.，1996 春夏，“杀手 / 星际旅行 /4D-Hi-D（Killer/Astral Travel/4D-Hi-D）”。摄影：克里斯·鲁格
W.&L.T.，1997/1998 秋冬，“阿凡达”。摄影：罗纳德·斯图普斯
W.&L.T.，1997/1998 秋冬，“阿凡达”。摄影：罗纳德·斯图普斯

第四排从左至右_W.&L.T.，1995/1996 年秋冬，“天堂娱乐出品”，摄影：克里斯·鲁格
W.&L.T.，1997 春夏，“欢迎小陌生人”。摄影：罗纳德·斯图普斯
W.&L.T.，1997/1998 秋冬，“阿凡达”。摄影：尤尔根·泰勒（Jürgen Teller），版权提供：Imschoot, Uitgevers
W.&L.T.，1997/1998 秋冬，“阿凡达”。摄影：罗纳德·斯图普斯
W.&L.T.，1997/1998 秋冬，“阿凡达”。摄影：罗纳德·斯图普斯

第五排_W.&L.T.，1997 春夏，“欢迎小陌生人（Welcome Litlle Stranger)”。摄影：弗兰克·杜穆林

还在上寄宿学校的时候，沃尔特·范贝伦东克的素描本上就画满了他的奇妙幻想。几年之后，当他发现安特卫普皇家艺术学院开设了时尚专业，他知道自己找到了那条表达“他的世界”的路径。在他看来，时尚是一种与时俱进的、包容性很强的表达方式，并且与其他学科之间的互动是开放性的。这种互动在他之后的创作中反复出现。

毕业两年后，范贝伦东克在 1982 年推出自己的首个创作系列“萨多（Sado）”，这也是他爱犬的名字。萨多是条白色的牛头梗。他在时装设计中使用了皮革、（防止动物咬人的）口套和鞭子，这立即在比利时引起了很大的争议。随后几年里，他曾经三次入围金纺锤大奖赛的决赛。然而直到 1987 年，他才在国际上取得突破。当时，在伦敦时装周上，他展出了自己的“坏孩子”系列，随后的系列“让我们聊聊童话吧”也吸引了广泛关注。宽肩设计原本给人以强悍印象，现在却被毛衣上的泰迪熊、绒球、童话人物形象和红尖顶帽子等装饰减弱了。范贝伦东克显然是偏好极端的表达方式。性虐、暴力、攻击、漫画和垃圾等内容都被他借用、转化、糅合进了时装设计之中，例如他的“金刚怪（1989 春夏）”和“激烈节拍（1989/1990 秋冬）”设计系列。他甚至为金刚怪系列出版了配套的漫画书，主角是他的爱犬萨多和他自己（角色叫作勇士沃尔特）。这套漫画有一个美好的结局：色彩缤纷的金刚怪战胜了灰队（the Greys）。他的时装系列一直延续着这样的特质：积极的态度，幽默感以及洞察力。

W.&L.T., 1997/1998 秋冬，“阿凡达”。秀场摄影：卡丽娜·莱卡（Carina Lecca）

在现实生活中，范贝伦东克也需要这种积极的态度。彼时，极简主义与概念化正大行其道，所以尽管出名，他仍然是局外人，是时装设计赛中的冷门选手，难以标签归类。此外，他的衣服制作耗费大量人力，结果导致喜欢他的年轻人买不起他的设计。于是，他在 1989 年推出了一个价格更为公道的副线，Walter Worldwide，口号是“闲时找乐（leisure for pleasure）”。一年后，第一期也是最后一期的“世界新闻(World Wide News)”上,用大字标题写出“时尚已死(Fashion is Dead)”。这既是新系列的邀请函,也是对主流时尚体系的控诉。当然，其中不乏幽默感，也是把时尚看透了！小狗萨多接受了采访，并且它名下有香水 ExcessMc2。范贝伦东克怀疑自己可能是外星人。

冲撞！砰！大胜！在 1991 年这一年，范贝伦东克创建了 W.&L.T.，它是狂野和致命废物（Wild and Lethal Trash）的缩写，也是副线 Walter Worldwide 的继任。1992 年，随着牛仔裤制造商野马（Mustang）的加入，之前一直困扰着他的财务问题被终结了，现在，他势不可当。作为网络大神沃尔特，他的支持者有 Puk-Puk，一个长着大板牙的可爱小生物，是从多尔克星球（Dork）过来的。星际旅行者们，2013 年的信使与阿凡达一起造访 W.&L.T.，那里有他设计中的各种原型，比如骑士、飞龙、斑比和海蒂。同时，W.&L.T. 也是一个汇聚了性、暴力、性虐恋、漫画、互联网和 techno 音乐的世界。范贝伦东克给自己的时装系列命名也体现了这一点，比如：“一闪一闪亮晶晶（Twinkle Twinkle Little Star）”“天堂娱乐出品”“杀手 / 星际旅行 /4D-Hi-D”以及“欢迎小陌生人”。

范贝伦东克发布的信息是“亲吻未来！”，这句口号看似肤浅空洞，但在 W.&L.T. 的世界里则变成了一个传达希望、爱情和乐观的强有力信息。在巴黎丽都夜总会发布的 1996 春夏时装秀的“4D-Hi-D”里，我们看到了类似的二元性。甜美无邪的海蒂（Heidi，谐音 Hi-D）正在一片阿尔卑斯山的草甸中寻找雪绒花。她的小山羊眼睛里闪烁着邪恶的光芒，暗示着性的吸引力。海蒂的天真无邪，与小山羊的欲望甚至侵略行为形成鲜明对比。设计原型、互联网和网络空间的未来世界、硬汉们的坚强又粗暴的世界——范贝伦东克试图将这三者戏谑性地混合在一起。民族特色与自然因素交织在一起，体现了一种文化和生态意识。但是实际上，这种直接连接很少发生，所以他经常使用双关语。例如，1995/1996 秋冬的“天堂娱乐出品”系列中，舞台上突然挤满了几十个全部穿着乳胶衣的男男女女。他们只有眼睛和嘴巴没有被束缚。面具的象征意义是：臭氧层在不断变薄，大气层需要人类的保护；同时，面具也是在谴责大众对模特的狂热崇拜。乳胶的使用则象征着安全性行为。尽管这种设计与性虐有关，但也让范贝伦东克能够展示出他对动植物的挚爱：在闪闪发亮的乳胶面料上，细致地描绘出纤细花朵与豹纹，这也让乳胶具有一种嬉戏玩闹感。

W.&L.T., 1997/1998 秋冬,“阿凡达”。肖像摄影：罗纳德 · 斯图普斯

Walter Van Beirendonck, 1999春夏,
"Hi Sci Fi（嗨，科幻）"。
摄影：罗纳德·斯图普斯

上排从左至右
骨架（Rib）- 上衣
包裹 - 外套
钩针 - 手工编织拼图式针织衫
包裹（wrap）- 罩衫

下排从左至右
拼图游戏（puzzle）-T 恤图案
迷你 - 裙子 - 羊

拼图游戏 - 雨衣 - 披肩
拼图游戏 - 短款

拼图游戏 - 上衣 + 备选方案 1：披肩

拼图游戏 - 上衣 _ 迷你 - 裙子

Walter Van Beirendonck，1999/2000 秋冬，“没有参考”。摄影：丹·莱卡

范贝伦东克的优势之一是：在表达自己的幻想世界时，他不会做出任何妥协。W.&L.T. 的秀最鲜明的特色或许是：没有什么暗示或有力证据显示有外力介入。只要想想 1994 年 8 月在德国科隆（Cologne）的那场“跨越彩虹（Over the Rainbow）”秀便可明白。在莱茵河岸边的一个公园里，建造了一个真正的“婚礼蛋糕”风格的 T 型舞台。128 名精心挑选的模特跃过水面，然后爬上舞台。一年后，他在巴黎的丽都夜总会推出 1996 春夏设计“杀手 / 星际旅行 /4D-Hi-D”以及他的新光盘，连丽都夜总会也成为这场精彩演出的一部分。这些面具意味着有些模特喜欢舞台跳水，但最后却在领奖台上举行了一场盛大的派对。当时在场的 1000 名观众无一例外地都疯狂了！人们吹口哨，尖叫，鼓掌，就像他们在摇滚音乐会上所做的那样。难怪摇滚乐队 U2 会邀请范贝伦东克为他们 1997 年的世界巡演 POPMART 设计服装。此外，他参与国际知名摄影师的项目，比如让 - 巴蒂斯特·蒙迪诺和尤尔根·泰勒。与工业设计师马克·纽森（Marc Newson）合作设计概念店“店中店（shop-in-shop）”。除了他在安特卫普的店，他在世界各地有不计其数的销售网点。1998 年 9 月，在荷兰鹿特丹的博伊曼斯·范伯宁恩博物馆举办了 W.&L.T. 展，展览期间，也是他的 1998/1999 秋冬“信念（Believe）”秀的发布时间，这场秀受到了法国艺术家奥兰（Orlan）的启发，范贝伦东克利用这组作品探索了医美手术和假体特效化妆。

至此，自从副线 Walter Worldwide 宣布“时尚已死”以来，已经过去近十年了。当然，那句话是比喻性质的。在这段时间里，范贝伦东克已经充分证明了自己有能力为“时尚复活”这事儿助力。1999/2000 秋冬系列创作中，他再次面对新挑战。这个系列叫作“没有参考”，意思是其设计思路没有参考过往的时尚风格，并尝试重新定义“时尚原型”。范贝伦东克向我们展示的是他对下一个千禧年男装的憧憬。这个系列的基础是四个经过深入研究的“裁剪”部分。“拼图游戏”部分旨在预测人们在未来穿衣服时的不同需求，衣服由各自独立的配件组成，可以用多种不同的方式组合搭配，进而产生不同风格，比如从正装到防护服，乃至抽象派。在“包裹”部分，模特身上包裹着正方形状的面料，袖子是嵌入式的，固定方式是绳索或安全别针。这些材料自然而然地与防护、保暖和舒适联系在一起。在“弹出式（pop-up）”部分中，衣服的基础是圆片形状，只有从包袋中取出后才会呈现出可穿戴的形状——与其说是玩偶匣，不如说是“袋中衣”。在“骨架”部分能找到“只有三维”的衣服。椭圆形金属架构模拟上半身的轮廓，并确定服装的形状。甚至连衣领也用金属架支撑，所以服装能一直保持笔直。四个部分里用来打底的服装都是紧身连体服。在范贝伦东克看来，在未来，最完美的服装就是紧身连体衣；它能控制体温，提供防护，是完美打底，方便叠加其他装饰性衣物。T 台上，模特们戴着有色玻璃面具，让自己免受阳光和大气污染的伤害。在另一场秀“天堂娱乐出品”中所使用的乳胶面具也是出于同样的防护目的。在“信念”秀中，因为探讨医美手术和假体特效化妆，为了避免传统的化妆方式就使用上色玻璃面具，淡淡的红色和粉红色成为对审美蜕变的新探索。

“没有参考”这个设计系列，全部由范贝伦东克亲力亲为，这是为了避免在服装加工时会出现的那些妥协，以及那些出于商业考虑的让步。这个系列只在安特卫普的沃尔特·范贝伦东克专卖店出售。

左上图 _Ann Demeulemeester，1999 春夏。摄影：克里斯·摩尔
右上图 _Dirk Bikkembergs，1987/1988 秋冬。摄影：卢卡·维拉姆
左下图 _Kaat Tilley，1999/2000 秋冬。摄影：艾蒂安·托尔多尔
右下图 _Ann Huybens，1999 春夏。摄影：乔安娜·范穆德（Joanna Van Mulder）

德克·比肯伯格："对我而言，服装的功能很重要。可以这样说，我之前的任何设计，即使是一片装饰物都是有其目的所在。没有不必要的细节。否则，我宁愿什么都不做。"

斯蒂芬·施耐德："我们继承了每件服装的固有特性，我们不会赋予它新的含义。功能是服装自身决定的，而不是被设计方式决定的。"

卡特·提利："我设计的衣服都是长款。对一些人来说长款服装不够利索，但当你习惯了时不时地提起它，就能感受它的魅力了，这是女人优雅魅力所在。虽然在很多职业和环境里，你可能根本不会考虑长款衣服，但我觉得自己的设计是百搭的，是适合各种场合的。"

德赖斯·范诺顿："是的，有时候服装设计是'反思'后的结果。例如，你可以用另一种材料做衣服，如果你用真丝做夹克，它就会变成正装。或者，有些衣服可以用不同的穿着方式，裤子穿在裙子下面。或者，对男士来说，可以在夹克外套件厚毛衣。"

安·迪穆拉米斯特："你做衣服不是为了挂在墙上，而是要穿在身上。这虽然不是我最先考虑的，但是一旦有了清晰的想法，明确了自己想要什么，那么，这件衣服的穿着场合就变得很重要了。创作是否能与想象中的形象吻合呢？如果感觉有什么不对劲的话，就会在当天把它扔进垃圾箱！"

沙维尔·德尔科尔："我想要做的是让人变美的衣服。"

奥利维尔·泰斯肯斯："时尚的基础功能是美。比如小花束很美，但没什么实用性。人们总是愿意为了美丽的衣服而牺牲一点舒适感，而不会为了舒适感而选择丑衣服。"

安·惠本斯："我评判自己的设计标准是是否有可穿性。我希望人们穿上它后能自由活动。"

安妮·库里斯："我有一份繁忙的工作和两个孩子。所以，功能性对我而言是必须的。但功能性必须是伴随着有趣的设计，它得是个加分项。"

吉莱恩·努伊特顿："几乎没人愿意在着装上妥协，所以运动装才会大行其道。对我而言，服装必须有功能性。通常时尚与功能性结合得很好。我穿的衣服、我自己、我喜欢的风格，它们通常不会达成一致。我的衣服应该是我的一部分，时尚本身会影响你或令你困扰，创新是需要智慧的。"

艾格尼丝·古瓦茨："我一直认为服装是有功能性的。当然，对'功能性'的阐述千变万化，这主要取决于它的使用场合。对于雨衣和晚装的要求当然不同。但是，功能性和吸引力没理由不能合二为一。而且，偶尔，你得为美丽受点苦（比如缩水变紧的牛仔裤）。"

弗朗辛·帕龙："我得借用一下家具设计师仓俣史朗（Shiro Kuramata）的话：关键是要有一双能发掘新鲜感的眼睛。所以，功能性？这不是精神层面的事儿。"

丽莲·克雷姆斯："我认为时装的功能性是和可穿性紧密相连的，对我而言这意味着能自由行动。我当然同意'为美丽受苦'这句话，但我的衣服必须能让我的每个关节都行动自如。否则，我会觉得自己不仅没有吸引力，反而是随时会爆炸的烈性鸡尾酒。"

尼尼特·穆克："衣服当然要有功能性，但凡事总有例外。有些衣服是日常穿着，有些则是白日梦幻一样只适合在派对上穿，或者只是在家里穿着照照镜子。还有些衣服只适合挂在墙上。我不愿再为美丽受苦，这大概是年纪渐长带来的优势之一。当然，有时我选择衣服只是因为它的功能性，毕竟我们生活在一个寒冷潮湿的国度。
"在我看来，这本书里最重要的问题应该是'时尚应该达到怎样的目的'，并且值得用一个章节来讨论。对我而言，时尚是为数不多的人们可以用来表达个性与展现想象力的途径（这点对设计师和穿着者来说都是一样的）。正是这个原因，我很难理解极简主义与基本款，我觉得那是懦夫设计给懦夫穿的。"

吉尔特·布鲁洛："我们应该把服装和时装区分开来，它们的区别就像装饰品与艺术品。对时装而言，其功能性是去创新，去发现，去成为先锋。而对服装而言，则是要满足实用性与商业性的需要。"

琳达·洛帕："当功能性与创意结合在一起时，必然产生出疯狂与梦幻。"

沃尔特·范贝伦东克："我们是如此受限，这令我非常沮丧。作为一个产业，时尚已经落后了。十年前我已经开始关注其他学科，深入地研究材质功能。我参观面料博览会，寻找所有'能呼吸'的面料。那时，我定期联系一家生产商，然后沮丧地发现我无法使用那些面料。
"时尚的一个缺点是我们被要求关注包装，而它掩盖了纯粹的功能性并使之边缘化。极少数设计师关心这事儿，换言之，没什么能刺激这个行业了。
"你可能会说，新尝试总是从面料开始的，但是那主要发生在运动领域——这大概是新面料的归属地，因为没有其他领域在做这类研究。在时尚界，这类探索总被人说成是过于昂贵的、没有意义的或者无趣的。

“在我最近的秀上，我用高科技面料包裹每个模特，非常有象征意义。按照我的思维模式，这是一件完美发挥功能性的衣服，你感觉热时它能透气，你觉得冷时它能供暖，它能随着环境调节自己。最后，任何叠加在这件衣服上的衣物就只是为了装饰。

“终有一天，会出现这样一类企业，它能出产纯功能性的基本款的衣服，而人们穿在这类衣服之上的是我的或者其他设计师的设计。

“很遗憾，我们不能这样优化事物。在 20 世纪 60 年代，对功能性的技术研究曾兴盛一时。帕科·拉巴纳（Paco Rabane）和皮尔·卡丹（Pierre Cardin）都曾尝试过‘预成形衣服’与‘预制式服饰’。但这都成了历史。这类试验中止了，真遗憾。它没能得到严肃对待，只是被视为一种未来主义式幻想。但有些研究完成了。可是，现在成果也付诸东流了，我认为这是因为产业转向了低收入国家。他们没有在本地发展优化产业，而是将已经淘汰的机器转移到他处，然后继续现有的模式。总有一天，低工资优势会用尽，也许届时他们会被迫重新思考，并参与创新。也许那时我们才能真正开始前行。复苏之后是巨大的衰退。我猜，有一天人们大概会因为没有其他选择，而重新拿起纺线，多方寻找出路。毕竟，没人能在火星设厂。”

左图_Walter Van Beirendonck, Walter Worldwide, 1989/1990 秋冬，“激烈节拍”。摄影：罗纳德·斯图普斯

右图_Walter Van Beirendonck,W.&L.T.,1995/1996 秋冬,“天堂娱乐出品”。摄影：克里斯·鲁格

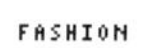

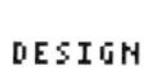

上图 _Maison Martin Margiela, 1998春夏。绒面革制工业标准纸样版组合——平的。
无袖夹克是用浅褐色绒面革制成的服装工业标准纸样版组合而成的。原本用来挂纸样版的钩子被当作一个可悬挂的配饰。视频截图提供：Maison Martin Margiela

下图 _Walter Van Beirendonck, 1999/2000秋冬，“没有参考”。摄影：丹·莱卡

DE CAMPOS RESEND'S

作为比利时新一代的创新设计师之一，安妮·索菲·德坎波斯·雷森德·桑托斯紧随前辈步伐进入国际时尚舞台。她的设计兼具可穿性与时尚度，1997 年推出首个系列，随后在安特卫普开的店也成为时尚男女的购物地标。她的女装系列在欧洲各国、日本和美国的专卖店都大受欢迎。

父亲是葡萄牙人，母亲是比利时裔德国人，1995 年，她从安特卫普皇家艺术学院毕业。随后，她专注于自家品牌De Campos Resend'S的男装和女装设计，风格清新、年轻、紧跟潮流。她的作品中渗透着多种文化的影响。

她的品牌有两条相辅相成的产品线。基础线的特点是使用粗糙但适应性强的天然材料，廓形简洁、线条干净、风格优雅、简约、不易过时、实用性强，近乎中性。这条线的配件较为奢华，简洁又精致。奢华线使用了精致的面料，散发出一种柔和的优雅感和脆弱感。

两个产品线的特点都是微妙的“闪光”——被隐藏的压钉和可拆卸的袖子。

两条线都有与其风格相称的配件。

对页上图 _1999 春夏，摄影：利恩 · 帕斯（Leen Pas）
对页下图 _1999 春夏，摄影：比约恩 · 塔格莫斯（BjØrn Tagemose）
本页图 _1999 春夏，摄影：比约恩 · 塔格莫斯

源自对未来的期待，安妮·索菲创造出另一个自我 Zoé。每一季 De Campos Resend'S 系列里都有 Zoé 的存在。在第一季里，Zoé 去纽约旅行，她的衣服是整个系列里最出色的，成为当季的报道热点。Zoé 不仅向公众展示设计和搭配方式，还提供有趣的建议，比如怎么选餐馆。

"纽约的一天"片段，1999/2000 秋冬。

克劳丁·泰奇（CLAUDINE TYCHON）

自1995年自立门户以来，克劳丁·泰奇一直在设计女装。风格介于“大都会女郎”和“运动风”之间，适合想要贴合时代又不愿意过度装扮的女性，特别是那些保留着女孩精神的女性。她的设计非常注重舒适性，使用近乎100%的天然材料，大部分是棉和羊毛，还有手编毛衣和水洗牛仔裤。

这个比利时品牌主要销往日本。

上图 _1996/1997 秋冬
中图 _1997 春夏
左下图 _1997/1998 秋冬
右下图 _1998 春夏

对页从上至下 _1998/1999 秋冬 _1999 春夏 _1999/2000 秋冬，摄影：B. 德尔沃（B. Dervaux）

工艺（传统）

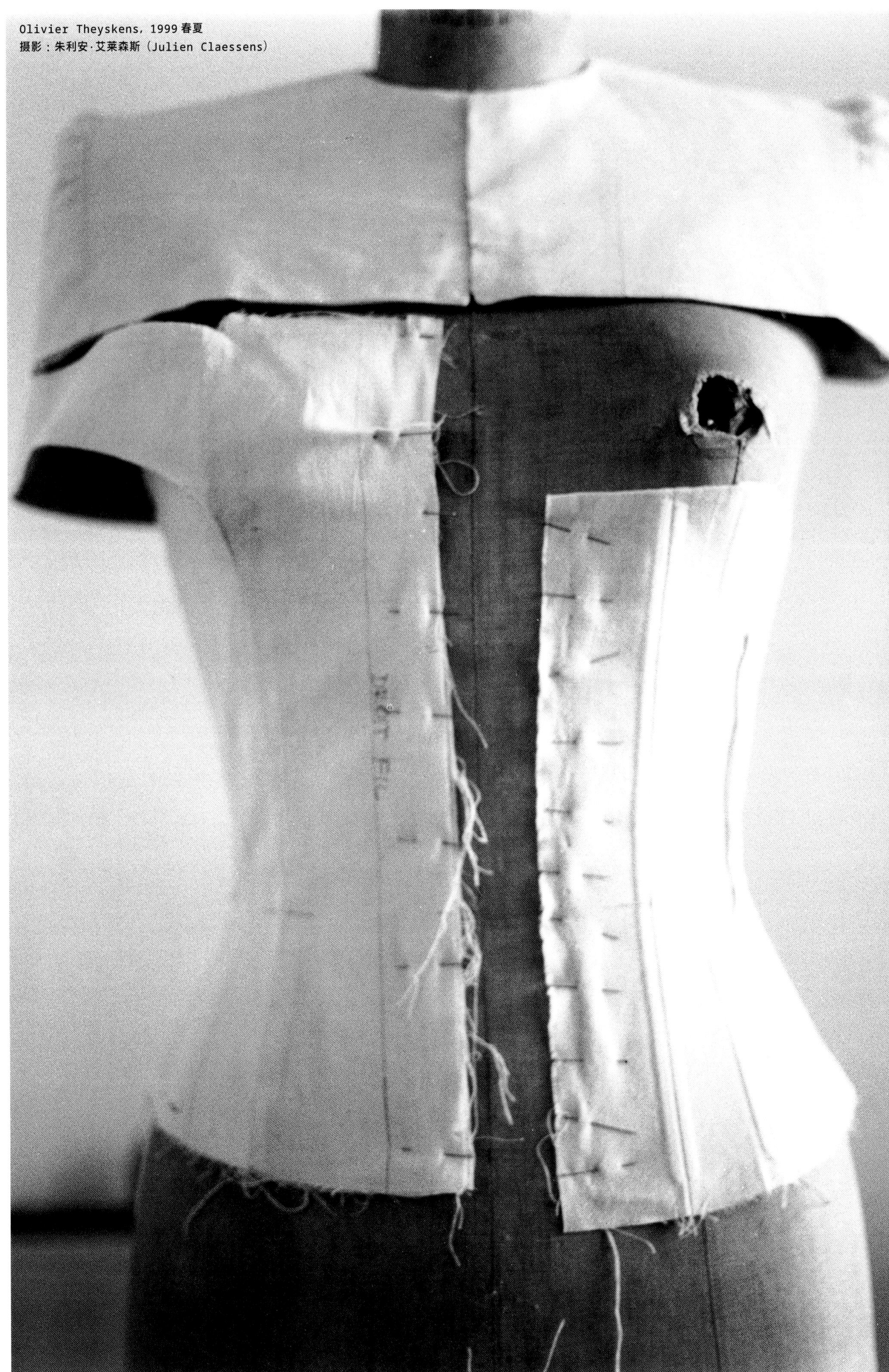

Olivier Theyskens，1999 春夏
摄影：朱利安·艾莱森斯（Julien Claessens）

德克·范沙恩:"我的产品是以工艺为基础的。我用最疯狂的想法对工艺进行检验。当我敲定我的原型时，我经常面临技术问题。我一直在寻找最好的解决办法。它可能很传统，也可能是全新的。这一点儿都不重要，结果才是最重要的。"

沃尔特·范贝伦东克:"有一次我用了'干掉过去就是未来（fuck the past is the future）'的口号，但我很快就放弃了，因为我发现人们倾向于曲解它。我是那种非常尊重过去的人。任何现存的东西都是在过去形成的。所以我觉得手艺很重要。'干掉过去（fuck the past）'的意思只是我觉得回到过去没什么意思。
"目前，手工艺非常'流行'。但其实我们一直在使用手工艺，只是用得好不好而已。这表明我们在所处环境的工业化道路上已经走得太远。我们把所有的特点都丢掉了。"

安·惠本斯:"工艺知识是必不可少的。你可以有各种各样的奇思妙想，但如果你不能把它们变成现实，是因为关键的环节缺失了。最重要的是能够和工匠交流，使用他们的专业术语。
"有时候，很难让工匠摆脱他们一直以来习惯制作的形状，摆脱他们一直以来使用的比例。如今，很明显的是，由于教授缝纫和制作的学校几乎消失了，许多手工技艺也已经消失了。自从成衣生产转移到其他国家以来，有很长一段时间，裁缝师都接受了尽快生产的培训。这意味着他们失去了手艺和技术知识，但我想这些都会回来的。现在有更多的人热爱这项事业，这是保持这种状态最重要的动力之一。我总是把它比作芭蕾，你必须连续练习好几个小时，才能掌握来龙去脉。"

安妮·索菲·德坎波斯·雷森德·桑托斯:"服装的剪裁至关重要，对顾客的选择起着决定性的作用。所以如果不考虑剪裁和技术方面的问题就想创造出一件衣服，这是异想天开。就好像你要建造一座房子却不去思考结构和建材。剪裁有助于确定一个系列的风格。换言之，这类建筑结构线需要仔细研究，我们可以借用它们来彰显某些服装结构。"

斯蒂芬·施耐德:"剪裁和最后精细加工处理可以加强或削弱服装的设计。这就是为什么所有的设计纸样需要在内部研制，在通过精细加工完成后将成品传递出去，传统工艺在这一切中都非常重要。"

伊娃·拉克斯:"最佳的剪裁、耐磨性和完美的表面处理是先决条件。不合身的设计再漂亮也卖不出去。"

Beauduin-Masson:"我们系列的一部分是用手工制作的。当我们设计它们时，我们并没有考虑生产，而当我们面对生产这一问题时，事实证明绝对不可能在工业线上生产这些产品。只有在意大利，我们才找到一个可以提供半手工生产的车间。我们发现，今天的比利时几乎不存在这种制作。在我们眼中，保持这种制作方式是我们保持多样性的方法，因为它无须遵循大规模工业生产的限制（数量、技术、细节……）。
"该系列的另一部分是在比利时的工业织机上生产的。在这种情况下，工作的目的是设法绕开或克服机器的限制，以生产加工不同寻常的布料。"

沙维尔·德尔科尔:"技能和传统是一件服装的组成部分，这是现实。在我看来，巧妙的裁剪是优雅的，是需要被保留下来的原动力。"

帕特里克·皮斯顿:"在这样的职业中，手艺是必不可少的。我教的学生经常缺乏这种能力。他们显然对创意更感兴趣。因此，学校每年都会培养出几名在制作服装时缺乏必要知识技能与兴趣的设计师。学校教育也有问题，那个所谓的剪裁课程上，教授的都是过时的技术。作为一个初学者，最好的学习是观摩别人的作品与工作方式，而不是在名校听课。我们的工作目标是为了满足目标群体的需要，而现在的学院教育则是背道而驰的。"

米沙尔·格拉:"工艺和传统是联系过去和未来的工具。这让我们知道我们是谁，我们从哪里来，我们要去哪里的方法。不幸的是，在实践层面上，手工艺技术正在消失，取而代之的是工业技术。我喜欢与工匠一起工作，这些工匠花时间与热情制作东西，并努力保存自己的作品。你可以感觉到，他们做出的成品比机器大规模生产的同类产品要好一千倍。手工艺促使我以一种手工艺方法设计衣服，兴致勃勃地为衣服增添独特微妙的修饰。"

卡特·提利:"在裁剪方面，我们已经开发了一个完全属于我们自己的系统。外人，即使技术最熟练的人也很难理解，外人要熟悉我们的方法需要将近一年的时间。这个系统有自己的名称、构架和处理方式，对此我感到非常自豪！这些年来，我们收集了大量的材料，并不断改进。它有自己的清单，即'Kaat Tilley'清单，它经过讨论和测试，并且不断自我完善发展。"

德赖斯·范诺顿:"工艺是一个系列的出发点之一，是专业技术。说到织物时，就会想到刺绣、色彩效果和印花。但是，有时我们必须找出解决某个问题的方法，而有时解决方法会带来新的想法与灵感。所以它有两种作用。
"传统方式有时是不可行的。但在过去，任何事情都不是无缘无故的。如果以某种特定方式完成某件事仍然有意义，那么我非常赞成继续采用该技术。某些面料或款式要求使用传统方式，那么使用传统就成为我们对它们的义务。当然，这在经济上首先得是可行的！
"想一想夹克衫：如果肩部用手缝，移动时会更舒适。机器缝制有恒定的张力，因此弹性小于手工缝制。手工还是有道理的。"

A.F. Vandevorst:"工艺和传统对我们至关重要。现代技术将手工技术推到角落。工匠是濒临灭绝的工种。然而，他们掌握了超越行业水准的技术，并且可以赋予服装附加的价值。与这样的专业人士合作非常有益。因此，我们非常高兴能够与他们共事。”

英格丽德·范德维勒："我认为剪裁是非常重要的。我一直面临的挑战是，在不失美观和保障舒适度的前提下，追求尽善尽美，这当然需要打版师拥有完善的专业知识。工艺和它的古老传统有时对精加工也很重要。然而，说服他人不容易，因为这种加工非常费力，也不简单。但是，它是一件衣服的点睛之笔，因此，服装设计师有时可以帮助那些被遗忘已久的古老工艺活下来。”

帕特里克·罗宾："手工艺和传统是两码事。手工艺对我们来说很重要，传统就不那么重要了。但是每天你都需要学习，必须迎接新的挑战……手工艺会令人陶醉，当你看到精工细作的物件，当你感到创作者'以工作为荣'的心态时，反之则是蒙昧。问题是，手工太贵了。”

安·迪穆拉米斯特："手工艺是实现你的想法的工具，因此非常重要。有时，你会感觉到几乎必须发明一种手工艺来实现特定的想法。因为如果你想让一个想法得到令人满意的结果，而之前又没有人这么做过，你就必须自己找到方法。我们始终坚持：'不去找寻方法'是不行的。我们会坚持下去，直到得到我们想要的效果。”

维姆·尼尔斯（Wim Neels）："手工艺一直是很重要的，我在工作中尽可能使用它。它应该是创造力的基础，并能增加某种新视觉可行性。'过去现在未来'这句话几乎囊括了我工作的一切。我在作品中使用了新的和旧的技术。由于我们采用的方法，旧材料被转换成当代式样，旧图案被用于新材料。曾经的男装可以调整为女装，反之亦然。”

克劳丁·泰奇："如果不考虑剪裁和舒适度，我就无法设计出一件衣服。”

维罗尼克·布兰奎尼奥："我认为把衣服做好是非常重要的。我翻过去的衣服，看看它们是怎么做的。不幸的是，不可能总是使用旧方法，因为现在熟悉它们的人很少了，或者因为旧方法的成本太昂贵。最后，你的衣服必须卖出去。在我的服装系列中还有一些是手工制作的，比如针织品、皮革……对我来说，保持这种状态非常重要。有时我使用旧方法，例如有些纽扣不是缝的，而是利用一种小圆环来固定。然而与之配套的刺绣可以用机器而不是手工完成，旧技术也在更新换代。”

克里斯托夫·布罗希："手工艺很重要。迷人的设计，有趣的剪裁，精致的加工，舒适的感觉，这就是奢侈品。”

奥利维尔·泰斯肯斯："有时我会强迫同事寻找新的解决方案。有了工匠，就有了改变的可能。但不幸的是，顶级的手工艺非常昂贵，而且正在消亡。”

安·惠本斯："我做的衣服很贵，手工，鸵鸟皮、束身衣上的鱼骨、羽毛……而且，这是在比利时制作的。所以我发现，我越来越与一种新形式的高级定制联系在一起。它专注于一件极其精致的服装，它的使用寿命很长，而且一直保持着它的价值。”

格迪·埃施："工艺与传统有关，但从定义上说它与保守主义无关。工艺、专业技能在每个学科中都很重要！”

琳达·洛帕："我对手工艺很有感情，并相信这应该是下个世纪的目标之一：珍惜传统。”

安妮·库里斯："这就是我喜欢比利时设计师的原因之一：他们掌握了传统的剪裁技巧，并将其与创新结合起来。”

吉莱恩·努伊特顿："传统和工艺往往被低估。如果你想了解时尚，你必须回到过去。很多人不知道的是，业内位于绝对领导地位的（设计师）非常熟悉服装的历史，你经常能在博物馆和跳蚤市场遇见他们……剪裁决定了可穿性。不管一件衣服看起来多么漂亮，如果版型不好，这件衣服就不合身。很多人不了解剪裁的重要性，也不知道投入其中的时间、精力、物力。”

弗朗辛·帕龙："传统是你必须知道的，但如果它不被改进就只是尘土飞扬的蜡像馆罢了！那太无聊了。

“没有风格的技巧就像超市售卖的服饰或者尸体袋。”

尼尼特·穆克："手艺非常重要，它能感动我。有人花在手工上的时间很多，让作品变成无价之宝，而这些工匠有可能逐渐消亡，我认为这是可悲的。好的剪裁需要更高的费用，它带来的舒适感让人满意，唯一感到不舒服的不过是钱包罢了。”

杰西·布鲁斯："精湛工艺保证质量。除此之外，手工艺也是一种时尚潮流。

“剪裁将漂亮衣服和难看衣服区分开来。”

Maison Martin Margiela，1997 春夏。摄影：罗纳德·斯图普斯

Josephus Thimister成衣，1999春夏。双面毛呢上衣，袖子采用了高级定制的缝合技术。摄影：菲利普·比安科托（Philippe Biancotto）

约瑟夫·蒂米斯特（JOSEPHUS THIMISTER）

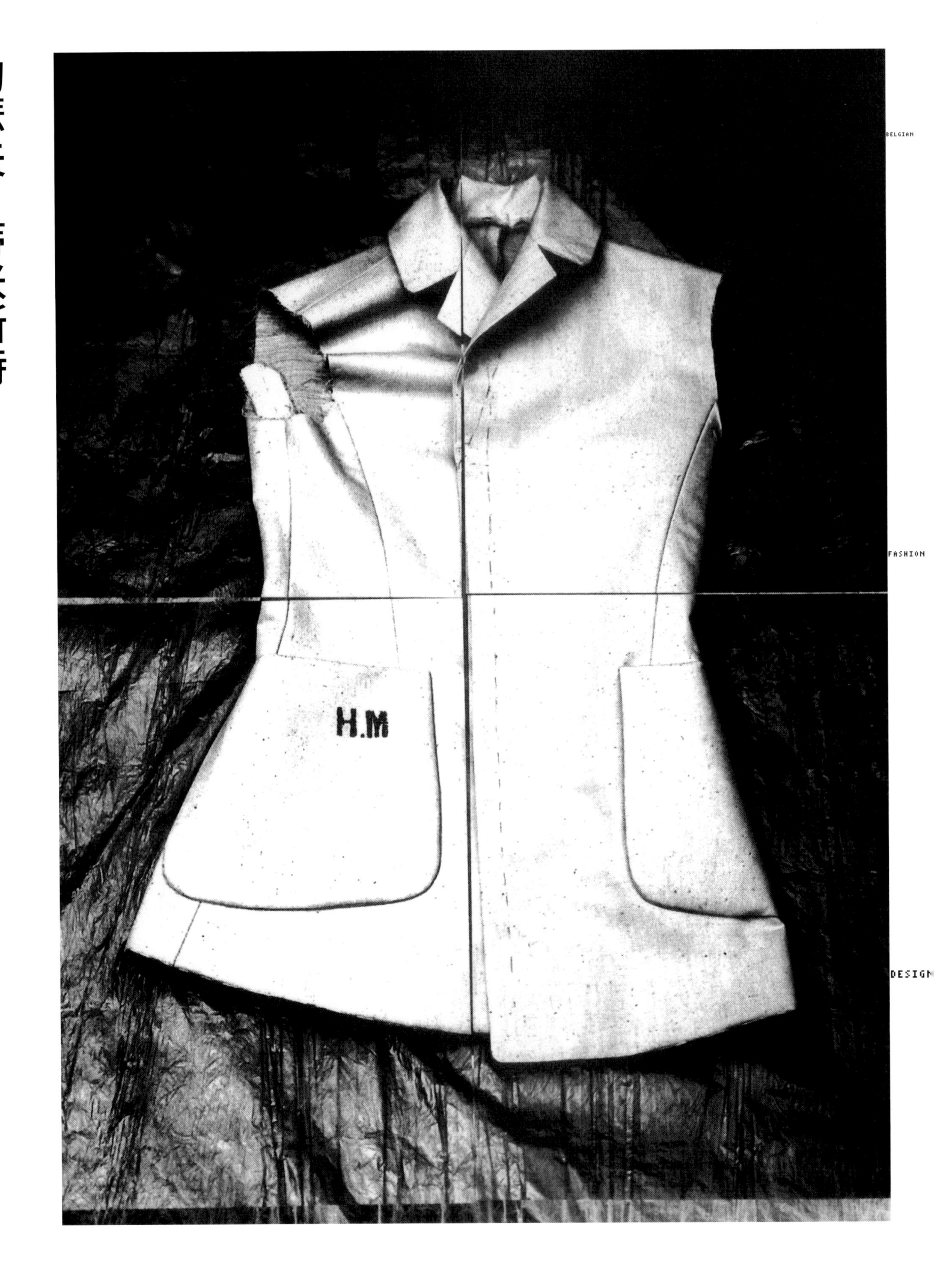

1999 春夏高级定制系列，“女王陛下（Her Majesty）”，源自早期英国军队应用的（亚麻布）。摄影：菲利普·比安科托

1999/2000 秋冬成衣系列
左上图 _“Bouillonné”卡其色的塑料和棉质裙子
右上图 _ 黑色“双面真丝绉”涂有乳胶，边缘磨损的连衣裙
左下图 _ 红色真丝雪纺晚礼服“mille feuilles”
右下图 _ 旧羊毛裙和旧皮夹克
摄影：菲利普 · 比安科托

对页图 _1998/1999 秋冬高级定制系列，"Raped by Storm"，融合了白色与奶油色的真丝网纱晚礼服。摄影：文森特·皮斯特（ Vincent Peters）

本页上图 _1999 春夏成衣系列。真丝缎、双面和服式上衣。摄影：菲利普·比安科托

本页下图 _1999 春夏成衣系列。黑色褶皱真丝塔夫绸晚装。摄影：菲利普·比安科托

上图 _ 第一次世界大战原版德国陆军夹克。摄影：菲利普 · 比安科托
下图 _1999 年春夏高级定制系列。象牙色高级缎面绒制成的“夜班门卫（Night Porter）”夹克。摄影：菲利普 · 比安科托
对页图 _1999 春夏高级定制系列。朱砂红“fontana”连衣裙。摄影：克雷格 · 迈克迪恩（Craig McDean）

约瑟夫·蒂米斯特于 1987 年毕业于安特卫普皇家艺术学院时尚系。在为卡尔·拉格斐（Karl Lagerfeld）担任助理之后，他成为让·巴杜（Jean Patou）的设计师之一。两年后，蒂米斯特成为著名品牌 Balenciaga 高级成衣线的设计师。他花了五年时间振兴 Balenciaga，然后在 1997 年在巴黎建立了自己的品牌，推出了高级定制和高级成衣系列。似乎这还不够，他最近又接任了意大利品牌 Genny 的创意总监职位。

蒂米斯特的第一个高级成衣系列可以说是一个预先发布的高级定制系列，似乎是在预告他 1998 年夏季的高级定制系列。这套限量版的 30 件连衣裙都是黑色或深蓝色，看上去似乎很简单，但细看之下，便会发现其工艺精湛。像乔其纱、网纱和真丝这样的材料都采用斜裁技术，并巧妙地应用其悬垂的特征。作为法国高级时装工会（Chambre Syndicale de la Haute Couture）招募新人才计划的一部分，蒂米斯特受邀发布了 1998 年夏季的首个高级定制系列，被安排进入官方日程。他的设计展示出一种截然不同的艺术手法，在众多知名时装品牌中展露个性。

他的极简主义（作为与巴洛克风格的平衡，而巴洛克常常被误认为是高级定制的代名词），展现出高级时装的高定美感。观众为其设计中轮廓的现代性和简约感所震撼。然而，使衣服看起来简洁是最困难的事情。精湛的工艺、技术和完美的剪裁是显而易见的，但不要否定它。蒂米斯特的衣服优雅而不失韵味，具有一定纯粹的诗意与轻盈感。蒂米斯特似乎已经使高级定制中的传统精湛技艺焕发了青春，尤其是他使用了不同寻常的材料。

谈到他设计的服装时，有些概念会浮现在脑海，这也反映在蒂米斯特选择的标题中，比如他的 1998/1999 秋冬高级定制系列被称为“北方之光”，也表达出了与面料的接触方式。

蒂米斯特 1999 年夏季推出高级定制系列，以诗意唤起了对《小王子》的诞生乃至失乐园的回忆，这标志着高级解构主义在神圣的高定界的到来。旧的军装夹克、帆布帐篷和军用卡其布被回收再利用，真丝或丝缎衬里等高级定制常用修饰面料也加入其中。他实践应用标新立异的面料再加工工艺，包括重新刺绣和碎花蕾丝，与雪纺融合的塑料层和撒满颜料的欧根纱。以前没有人用陆军野战斗篷去做舞会礼服，用旧帆布帐篷做蓬蓬裙，或用羊绒制成的背心搭配再回收的军用卡其布。他使用的面料是精致与粗犷的结合，兼具丝滑感与粗粝感，古典面料（真丝、丝缎）和技术面料（羊皮纸、乳胶涂层）是他比利时血统的证据：北欧的，诗意的，略带超现实主义和争议性。通过将帆布与华丽的真丝相结合、卡其色与珊瑚红相结合、实验与新现实主义相结合，表达出看似矛盾的情绪，从而创造出 21 世纪初始新高定时装。

他最新的高级定制系列与高级成衣系列有着共同的灵感来源。因此，高级成衣具有高级定制的感觉。蒂米斯特在模糊不同领域之间的界限方面取得了惊人的成功。

安娜·海伦（ANNA HEYLEN）

摄影：卡尔·布鲁因顿克斯

安娜·海伦最早以她的人偶设计而成名，1993 年安特卫普当选欧洲文化之都，她的设计为此而“生”。她用艺术装置表达自己对时尚的看法，一模一样的奇怪人偶被细线悬挂起来，没有五官，也没有性别。而人偶们一穿上衣服就立刻变得鲜活起来，散发出各自独特的魅力。她借此传达的信息是：“别对时尚太认真，也别对生活太认真”。这个人偶非常成功，数次以限量版形式生产发售。

1994 年，安娜·海伦着手设计她的女装成衣系列。她的作品总是让人耳目一新又恰到好处。她的设计坚守着裁剪的传统规则；裁片不会太短，布线也始终符合惯例。一切都安排得体、做工精致且精准。

安娜·海伦有一种调和对比与矛盾的强烈意识。这一点从她作品中能清楚看到：主题、灵感、同一版型中不同面料的运用、反向编织的方式、针织物中使用不同的纱线、袖子卷边、面料的搭配、文化的融合与包容性。矛盾被重新定义、组合，相得益彰。中国是她最喜欢的国家。她 1998 年的夏季系列中，设计灵感来自中国游牧民族，他们在长途跋涉中受到了环境影响，只能就地取材修补破损的衣物，于是就形成了各式各样的非常规的搭配。高度个性化成了她“名片”，在她的每个系列中都有不一样的呈现。

1998/1999 秋冬，摄影：安娜·海伦

“ 这些人偶是我的灵魂，也是我的挫败感来源。”

人偶被脆弱的细线悬起。安娜海伦：“就像生活，咔嚓！一切就都结束了。”

"设计师的工作很直观。风格的形成源自理性地对待时尚。"

"别把时尚太当回事儿，也别对生活太严肃。"

1998/1999 秋冬，摄影：卡尔·布鲁因顿克斯

历史（历史服饰）

手绘：卡特·提利

弗朗辛·帕龙："历史是永不枯竭的灵感源泉。"

卡特·提利："在学生时期，我一直在研究服装史。历史具有持续的影响力，是服装制作的基础，但我之后的设计不再直接借鉴服装史。我经常听到评论说，我的衣服带有圆弧线条的设计，和过去的服装有某种相关性，但这是不对的。过去是使用裙撑展开弧线的，而我致力于设计全新的支撑方式，方便穿着，还可以坐，还很轻便，不像那些艺术品一样的历史服饰。我的设计使用的是特制纸浆材料，它们绝对美观优雅。所以，相较于历史服饰是两种不同的服装。"

沙维尔·德尔科尔："对我来说，服装史不是参考，而是整个宇宙，一个可以连接过去的图像世界。"

伊曼纽尔·劳伦特："我喜欢研究旧时服装的手工工艺，研究其衬里、修饰、袖子连接的缝制方式，但把这样的'手工艺'运用到现在的服装生产中仍然很困难。"

杰西·布鲁斯："一听到服装史这几个字，我会想起薇薇安·韦斯特伍德或者约翰·加利亚诺。但我已经把它抛之脑后了。服装不应该和过去继续有所关联，制服才会，制服是一个有研究价值的社会学课题。"

维罗尼克·布兰奎尼奥："过去的人们习惯了服装带来的不便。想象一下要一直提着裙摆是多么地'不可思议'。其实，这深深吸引了我，因为我对服装倾注了更多的感情。现在，我们在街上已经完全看不到这样的画面，每个人都在追求便利性。"

奥利维尔·泰斯肯斯："一说起束身衣，人们都会觉得是古老的东西。但我的工作从来不是看着旧服装的结构造型来完成的。"

沃尔特·范贝伦东克："在大学的第二学年，我们用古典服装作为作品的设计基础。第三学年，我们借鉴了民族服装。服装史是一个理想的出发点。但是特定的服装和其所处年代、时间紧密相关，功能优势也仅适用于那个时间范围。1800 年的东西在今天已然不适用了，真正的挑战在于让历史元素与时俱进。这是一件有意思的事情，我一直在这么做，尽管看起来并未实现。我看到学生们有时会从在古典服装中找到合适的元素，但好的设计需要更深入一些，为当代提供一个合乎逻辑的解读。当然，对包括我在内的大多数时装设计师来说，这仍然是灵感的主要来源，尽管并不总是那么显而易见。"

琳达·洛帕："古典服装是设计师的重要参考。对学生和设计师都是灵感的来源。为服装结构和工艺技巧，为制版和垂饰提供了源源不断的样本。现在，我们可以看到许多设计师正在向最原始的廓形回归，比如圆和方。"

丽莲·克雷姆斯："历史告诉我们突破角色模式非常困难。男人依旧不穿裙装，尽管偶尔会有设计师在不懈努力，女人已穿裤装很久了，男裙依然没能融合进来。对于古典服装，我钦佩其中的技术和工艺。另外，我惊叹于当时手工测量的重要性，既有肥大的裙撑，也有塑造细腰的束身衣。"

左图 _Raf Simons，1999/2000 秋冬。
右图 _Raf Simons ，1998/1999 秋冬。
摄影：马琳·丹尼尔斯 & 卡尔·布鲁因顿克斯

左上图_Pieter Coene，1988春夏，摄影：Gerald Caspers

右上图_Beauduin-Masson，1996/1997秋冬S形裤子，100% 羊毛 “Escarpins Bossus”，摄影：文森特·莱恩(Vincent Lehon)

下图_Ellen Mostrey，1998春夏，摄影：罗杰·迪克曼斯(Roger Dyckmans)

"有人认为时装是短暂的，因此是愚蠢的，这些人的错在于违背了生命规律。时装实际上象征着生命本身，它慷慨给予，而不斤斤计较付出与回报是否对等。大自然撒下成千上万的种子，也许只有一个会发芽。正是这思想上的挥霍、这不变的开始、这丰富的多样性，才让时装如此充满愉悦。"

August Endell, *Die Schönheit der grössen Stadt*, Strecker und Schröder, Stuttgart, 1908, p.69

皮特·科恩（Pieter Coene）："一个项目（系列）的成功，犹如必须要完成的拼图，而你拥有拼图缺失的正确部分。但我的情况并非如此。系列设计是一个很艰巨的任务，我无法独自完成。演唱服、剧院 / 戏剧演出服、日常装等，太多的选择、太多的可能性和太多的兴趣。也许缺乏坚定不移的态度，去做出选择，然后果断牺牲一切，奉献给时装这位偶尔也靠不住的神明。系列作品设计的结束并不意味着我对时装活动参与的结束，也不代表我对时尚兴趣的结束，当然也不是我生命的结束。如果我能召集合适的人，最好能带来一些资源（财务方面），如果我们可以一起工作，谁知道会发生什么！怎样都不重要，什么结果都可以，我想去争取！"

Beauduin-Masson："服装从未像如今这样批量生产。大批量的生产并没有为多样性、探索、冒险和接近设计师留下太多的空间。然而，正是这些因素能帮助你进步，让你去创造有趣而有意义的形式或概念。这是时装真正的意义所在，但批量市场的机制实际上对此产生了阻碍。"

伊曼纽尔·劳伦特："曾经和现在最困难的事情一直都是，在作品设计之路上保持初心。"

卡特·提利："由于财务问题，无法使用上好的面料。我完全是独立起步的，之后我的助手凯瑟琳（Kathleen）加入进来，但我们仍然没有任何实质性的财务资源。每次卖出一件衣服，我们都会推进一点，希望能这样慢慢建立起来。

"我这一代中有几人已经不再制作系列作品了。我觉得他们非常有才华。皮特·科恩是我的同班同学，他能力出众，但他从未真正做出成果，也许是他不想。克里斯·梅斯特达（Chris Mestdagh）（他又开始了吗？）。玛丽娜·易（Marina Yee）是另一个才华出众的人，我能理解她。我尝试在四周边界内摸索我的创作范围。如果没有这个创意工作，我没法儿生存下去。但这是一场艰难的斗争。出于商业压力，东西必须被卖掉，而这往往如同一场战斗。我确信你需要有人帮忙才能做其他的事情，但这并不总是那么清晰易见。"

德赖斯·范诺顿："我们所熟知的比利时时装最初并不存在。时装确实是一个奇怪的行业，你会因为各种各样的原因受阻。关于服装和纺织品的规章制度非常少，服装的变化无常导致了巨大的压力，服装的价值会快速下降，从发布到销售，价格可能会减半！你总是任由媒体摆布。宣传的内容也非常重要。一场 15 分钟的秀，如果灯坏了怎么办？你只能怪自己倒霉，因为如果你不能快速解决问题，每个人都会离开去看下一场秀！"

杰西·布鲁斯："服装业是一个行业。行业中有许多炒作热点，但永恒的终极目标就是销售服装。理念和艺术标榜都是次要的。但这并不意味着你不会偶尔忘却现实，然后做做梦。"

"毫无疑问，这是一种扼杀时尚的方式。"

Amy M. Spindler, "'Coming Apart', Styles of the Times", *The New York Times*, 25 July 1993

演变

在20世纪80年代之前，几乎没有什么真正意义上的“比利时时尚”。安特卫普设计师安·萨伦斯（Ann Saelens）凭借其激进风格成为60年代的风云人物，她的故事、褶边设计和远见卓识经受住了时间的考验，可以说她是同代人中的佼佼者。

接下来登场的就是固执己见的独行侠伊维特·劳沃特（Yvette Lauwaert）。他自始至终都认为时尚是艺术的一种形式，作为20世纪六七十年代的领军人物，他的影响也延续到了今天。他在令人难忘的“诗歌之夜（Nights Of Poetry）”中的表现给人留下了深刻的印象。此外，同时期值得一提的还有贵族兼审美家尼娜·米尔特（Nina Meert）以及与她截然相反的布瑞吉特·曼昆（Brigitte Manquin）。布瑞吉特·曼昆是首位极简主义者，而那时极简主义者（Minimalist）这个专有名词还没有传用开来。

同时期活跃的还有法兰西·安德烈维（France Andrévie）。她最初在布鲁塞尔的Lauren Vicci品牌名下工作，之后于1975年前往巴黎，开始用本名征战T台。她的时尚美学和时装秀大胆前卫，展现出令人窒息而又不落窠臼的美。1984年10月，国际媒体收到了一份葬礼的通告而非T台秀的邀请。每个时尚爱好者都为之悲痛欲绝。去世时她年仅39岁。

直到同一时期两位日本设计师的出现，川久保玲和山本耀司（Yohji Yamamoto）掀起了一场时尚界的革命，而安特卫普也开始发生一些不寻常的事情。80年代初期，安特卫普皇家艺术学院的毕业生中有那么一两位志向远大、天赋异禀的年轻人。首先是马丁·马吉拉和沃尔特·范贝伦东克，接下来便是安·迪穆拉米斯特、玛丽娜·易、德赖斯·范诺顿、德克·范沙恩和德克·比肯伯格。

此时是玛丽·普里约特执掌学院的时尚系的最后几年。回想35年前，她一手创立了时尚系，以独特风格、严谨的态度和远见卓识带领全系稳步发展。1982年，琳达·洛帕接替她担任系主任一职，成为全系前进的动力。琳达·洛帕本人于70年代初从该系毕业。她力邀沃尔特·范贝伦东克前来授课。得益于她永远高涨的热情和强大的师资阵容，以及凭借过硬的教学内容和创意十足的课程设计，他们迅速为学校赢得了极高声誉，也成就了安特卫普皇家艺术学院在时尚界的金字招牌。

同样是在这个时期，确切地说是1981年1月1日，“纺织品计划（Textile Plan）”正式启动。威利·克莱斯（Willy Claes）成立了比利时纺织品和成衣研究院（Itcb），为“生病”的比利时纺织业注入新的资金和创意，他后来出任比利时经济事务部部长。海伦娜·拉维斯特不仅是灵感缪斯，也是一位创意协调人，她发起了“这就是比利时”的口号，并且组织举办了金纺锤大奖赛，成为比利时新一代设计师走向海外的重要跳板。尽管这些人自身并没有经费支持来推出个人系列作品，但是对于跳出比利时这个欧洲小国也积累了一些心得。他们也成了万众瞩目的对象，这更多是因为金纺锤大奖赛的评委有让 - 保罗·高缇耶（Jean-Paul Gaultier）和罗密欧·吉利（Romeo Gigli）两位大师级人物坐镇，比赛结果也由此得到了全世界的认可；杂志*Bam*也为他们提供了优异的曝光平台；此外，为纺织行业带来的整体性推动以及他们在日本秀场上举办的两场商业活动等都进一步推高了他们的知名度。

1982年，安·迪穆拉米斯特赢得了首届金纺锤大奖。1983年，德克·范沙恩再接再厉，将奖杯收入囊中；1985年，德克·比肯伯格捧杯而归；1987年，幸运的皮特·科恩从当时还是公主的比利时王后宝拉（Paola）手中接过奖杯。然而，皮特·科恩更醉心于他的音乐事业，过去十年间，他与比利时人声合唱团Collegium Vocale一直在世界级指挥大师菲利普·范赫雷韦格（Philip Van Herreweghe）麾下从事歌唱事业，这位指挥家也是从精神病医师半道出家的音乐巨匠。到了1989年，曾在巴黎法国高等服装设计学院（Studio Berçot）学习过的薇洛尼克·勒鲁瓦迎来了自己的幸运年，顺利赢得大奖；比赛举办期间，她正在阿瑟丁·阿拉亚工作室工作。在1991年最后一届比赛上，克里斯托夫·查隆（Christoph Charon）载誉而归，同时也标志着一个阶段的结束。一批年轻有为、渴望突破的设计师从这个阶段中成长起来，为他们今后的重大突破和强大自信奠定了良好的基础。

完成学业后不久，马丁·马吉拉就动身前往米兰，后来又来到巴黎，加入让 - 保罗·高缇耶工作室。在这期间，另外六个人共同前往伦敦奥林匹亚展览中心，首次亮相时尚周。那是1986年。他们出类拔萃的时尚设计在时装周上引起轰动，“安特卫普六君子”这一响彻时尚界的称号不胫而走。1988年的春天，他们成功在伦敦Westway Film Studios推出了团体首秀，国际时尚界迎来巨变的趋势已经势不可当。接下来的故事在巴黎上演。德克·比肯伯格率先在孚日广场（Place Des Vosges）推出时装秀，其他人紧随其后。唯一例外的是玛丽娜·易。初出茅庐的她凭借在日本推出的“Marie”系列一鸣惊人，但是随后却选择急流勇退，从风格前卫的个人系列“Marie Yee”和为比利时Bassetti设计的系列中退隐。十年之后，如今的她带着为Lena Lena设计的作品再度归来。多年来，Lena Lena一直将自身定位为“所有女性的时尚”。再度出现在时尚圈的玛丽娜·易以艺术家的视角为“Fashion for Van Dyck”时尚展做了大量组织工作，同时也为下一步工作制定了诸多规划。“Fashion for Van Dyck”时尚展是安特卫普Van Dyck展览的组成部分之一，独家展出了大量比利时设计师的优秀作品。第一代比利时设计师以“安特卫普六君子”之名走出比利时，成功进入国际时尚圈；而后来者则需要通过鲜明的个性特点在时尚界赢得一席之地。“六君子”的时代已经告一段落，尽管此后很久他们依然背负着这一标签，不论他们是否喜欢。

玛丽娜·易，1999 年的“Fashion for Van Dyck”
时尚展，摄影：罗纳德·斯图普斯

“安特卫普六君子”之外的第七人是马丁·马吉拉，在珍妮·梅伦斯女士的资金和理念的双重支持下，他开始创作了自己的时装系列，在 1988 年的春天开启了自己真正意义上的时尚事业。川久保玲和山本耀司的设计风格也正是由珍妮·梅伦斯一手引入比利时。

20 世纪 80 年代活跃的设计师并不在少数。安妮塔·埃文波尔（Anita Evenepoel）将服饰作为表现对象，桑德丽娜·德海耶尔（Sandrina D'Haeyere）在服装设计中融入了浓烈的艺术风格；安尼米·维尔贝克擅长针织设计，弗朗辛·帕龙的强项在于小众系列（自 1986 年起，她就是坎布雷国立视觉艺术高等学院新成立的时尚系的核心人物，1999 年被位于巴黎的法国时装学院挖走。坎布雷国立视觉艺术高等学院由新艺术运动发起人、建筑师亨利·范德维尔德（Henry Van De Velde）于 1926 年创立），卡特·提利以其独一无二的浪漫主义而为人所知，康拉德·大卫·博尔森（Conrad David Bolssens）的特点在于复古风格，以及在安特卫普皇家艺术学院就读的低年级学生“狂暴时尚五人组（Furious Fashion Five）”，他们曾在伦敦掀起了一小波热潮。其成员中，除了设计小众系列的洛尔·欧盖纳（Lore Ongenae），凯瑟琳娜·范登博斯（Katharina Van Den Bossche）依然活跃于英国品牌 Scapa of Scotland，帕特里克·德穆因克（Patrick De Muynck）执教于安特卫普皇家艺术学院时尚系，同时也是法兰德斯时尚研究学院（Flanders Fashion Institute）的联合创始人之一。

位于布鲁塞尔坎布雷国立视觉艺术高等学院也培养出了自己的第一批设计师：弗朗索瓦·杜里（Françoise Dury）、贾科莫·扎纳德利（Giacomo Zanardelli）和萨米·蒂卢切（Sami Tilouche）。蒂卢切获得 1987 年金纺锤大奖赛的第二名，在罗密欧·吉利工作室磨炼了几年之后，推出了个人的第一个小型服装系列。

比利时设计师的光彩贯穿了整个 90 年代。他们成为全球追捧、膜拜的对象，其作品销量也一路飙升；不仅跻身于《法国纺织报》（*Journal Du Textile*）Top 10 排名，而且成功引领了超前流行领域的新风潮。他们的秀场或表演呈现是所有人公认不容错过的。

他们的创意巨大成功鼓舞了一大批人。新一代设计师开始登上舞台，利夫·范甘普、安娜·海伦、简·韦尔瓦尔特、斯蒂芬·施耐德、维姆·尼尔斯和克里斯托夫·布罗希等也在其中；他们或在巴黎小试牛刀，或一心在此打拼属于自己的天地。如今，第二代设计师团队已经初见雏形，势必掀起更大的风暴。维罗尼克·布兰奎尼奥、拉夫·西蒙（Raf Simons）、A.F. Vandevorst 和奥利维尔·泰斯肯斯等一连串耳熟能详的名字彻底把时尚圈搅得天翻地覆，成为时尚媒体的宠儿。在 1999 年，巴黎时装周成衣秀场日程上赫然写着多达 13 位比利时设计师的名字。利夫·范甘普、帕特里克·范欧梅斯勒格（Patrick Van Ommeslaeghe）和伯纳德·威廉（Bernhard Willhelm）等新一代比利时设计师凭借其出众天赋和坚定信念已经成功将个人作品搬上了巴黎的 T 台。

1997 年也是法兰德斯时尚研究学院的成立之年。重视时尚天赋是远远不够的，必须进行体系化的培养，琳达·洛帕郑重其事地说到，她也是该项目的发起者。比利时文化部为此授予她弗兰德文化大使（Flemish Cultural Ambassador）的荣誉称号。研究院 1998 年在安特卫普举办了名为 vitrine 98 的首场活动，以展览、装置和多种活动集中展现了参加活动的安特卫普设计师的杰出作品。由安特卫普市和法兰德斯时尚研究学院共同建设的 ModeNatie 时尚中心大楼将于 2001 年开放，届时它不仅是一座新的时尚博物馆（琳达·洛帕担任负责人），同时也将成为安特卫普皇家艺术学院时尚系的所在地。这股源自比利时的时尚力量日渐壮大，作为其源头的琳达·洛帕、吉尔特·布鲁洛、格迪·埃施和后期的帕特里克·德穆因克等人希望将这一项目打造成比利时时尚界的“蓬皮杜艺术和文化中心”，这不仅表达了对一手缔造了比利时“时尚文化”的七位设计师的敬意，也凝结了对后来者将前人事业不断发扬光大的深情谢意。

格迪·埃施

卡特·提利
(KAAT TILLEY)

摄影：卡特·提利

卡特·提利来自布鲁塞尔，祖籍梅赫伦，就读于安特卫普皇家艺术学院时尚系。自1983年以来，她一直以高度的个人风格从事设计。每件 Kaat Tilley 衣服的背后都有一个完整的故事，关于每个女性的故事。她力求用服装象征性地表现女人的每个成长阶段和所有的起起落落。

1989年，她在布鲁塞尔享誉盛名的 Koningsgalerij 开设了自己的精品店。她的婚纱和派对礼服“Black Lines”与众不同，十分引人注目。朦胧如童话般的线条，激发了无限想象。这一系列最初的氛围基调也在她的成衣女装 Inner & Earthings 系列中反复运用。

卡特·提利的设计中很少使用直线，一切都是柔软和流畅的。她自学研究制版，从而创作出如梦如幻的、不规则却仍有结构章法的廓形。她的连衣裙和半身裙的裙摆很长，用一层层鲜亮精致的细针织物组成，从而形成修长的轮廓。在手腕、肘部、臀部、腰部、肩部曲线、背部和裙摆上设计的滚边、刺绣、褶皱和小件针织饰品强化了曲线，彰显女性的身材，塑造出纤细的腰身。但并不是说她的衣服只适合苗条的女性，多层次、不对称、装饰丝带和卷边的运用可以适合不同的身材。

The Escape 系列的生产和面料更为经济，主要采用平纹针织面料，也很适合运用到 Inner & Earthings 系列中。1994年以来，卡特·提利一直在制作 Frederiek 女童服装系列。

1997年是她在巴黎时装周期间举办发布秀的第一年。

1995/1996秋冬，摄影：雅克·查利尔(Jacques Charlier)

"我曾有梦想，我曾愤怒。"

1992年5月7日 *Rock this Town* 对马丁·波尔斯（Martine Poels）的采访。

1995/1996秋冬，摄影：雅克·查利尔

“当我画画时，我能感觉到每根肋骨的存在。”
艾格尼丝·古瓦茨，*De Morgen*，1997年2月15日。

1998 春夏，图片提供：Kaat Tilley

1998/1999 秋冬，摄影： 帕特里克·加布芮尔斯
(Patrick Gabriels)

1998/1999 秋冬，摄影：帕特里克·加布芮尔斯

"欧根纱随风飘动，真丝沙沙作响，亚麻有优美的褶皱，天鹅绒泛起银光。"
莫尼克·E. 布克约耶（Moniek E. Bucquoye）

1999/2000 秋冬
摄影：雅克 · 佩格
（Jacques Peg）

"对卡特·提利来说，服装是有生命的产品，是第二层皮肤，是围绕身体的建筑。"

莫尼克·E. 布克约耶

摄影：雅克·佩格

1998/1999 秋冬，摄影：艾蒂安·托多尔

1998春夏，“City Nomads”。摄影：谢尔盖·戈德利（Serge Goderie）

帕特里克·皮斯顿（PATRICK PITSCHON）

1998/1999 秋冬，摄影：彼得·德布鲁因（Peter De Bruyne）

帕特里克最初对时装行业只是抱有兴趣，最终选择学习艺术，并把艺术作为职业。1993 年，他推出一个用多位女士的名字为服装命名的设计系列，并打造为完整的小规模系列。他的服装在法兰德斯的几家商店出售。男装系列在 2000 年夏季推出。

简单的线条，沉着朴素的配色，这个系列塑造了极简主义风格的印象。通过翻折、打结或束带，将平整的面料塑造得富有层次感，体现了服装的优雅美观、舒适服帖与低调考究。该系列与帕特里克限定珠宝相得益彰。他也可以应要求设计定制化新娘装。

“我并不只为理想的模特类型设计。无论性别、年龄、体型或预算，都可以在我的系列作品中找到适合自己的，而且还能与众不同。”

上图 _Walter Van Beirendonck, W.&L.T., 1997/1998 秋冬，“阿凡达”。摄影：罗纳德·斯图普斯
下图 _Lieve Van Gorp, 1997/1998 秋冬。摄影：吉列斯·施皮普斯

“有攻击性的艺术可能会引起人们对礼仪规范的焦虑；而冒犯的一方需要表明他遵守礼仪规范，且规范和他本人都依旧正常，从而缓解这种焦虑。”

Erving Goffman, “On Face-Work”, *Interaction Ritual*, Pantheon, New York, 1982, p.22

Ann Huybens，1998春夏，¿ 人类 ?，婚纱，摄影：利夫·布兰奎特（Lieve Blanquaert）

Veronique Leroy, 1993/1994秋冬邀请卡，
摄影：霍斯特·迪克格德斯（Horst Diekgerdes）

Raf Simons, 1999春夏，摄影：伯特·霍布雷希茨

沃尔特·范贝伦东克："一方面，我觉得规范十分迷人，但仅根据规范来设计造型，整个东西都变得毫无意义。在规范的自由运用中，我也曾有意完全扭曲社会准则。有时候不同背景的人会对我加以评论，他们认为我如此肆意使用他们的规范是不恰当的。但我不喜欢贫民区。"

卡特·提利："有时我故意违背社会准则，但仅限于我认为有审美吸引力的情况。这必须与服装的形式及整体呈现相匹配。令人震惊不是我的风格，我也不会这么做。"

安·迪穆拉米斯特："如果你想要打破规范，你必须有合适的理由，并且想出合适的替代方案。震惊不是我的目的，这太容易了。目的应该是对开放事物的突破创新。"

帕特里克·罗宾："我认为时装确实对社会规范具有一定的影响，它也可以是改变社会规范的积极因素。"

马丁·范马森霍夫："在我的经典系列中，我不断地纳入矛盾分裂的元素，这些元素使整个设计失去平衡。社会准则是枯燥而陈腐的，突破它们的权威是一种挑战。"

沙维尔·德尔科尔："玩弄规范是时装的一大特征。我感兴趣的是对惯例的质疑和差异性。"

杰西·布鲁斯："社会准则？理论上不重要，但在实践中并非如此。你参加晚宴的着装确实会和周末出海不一样。"

弗朗辛·帕龙："理想的情况是超越规范，但这不太现实。优雅不是偶然的，庸俗也不是。"

安妮·索菲·德坎波斯·雷森德·桑托斯："现在你在时装中已经找不到被定义的特定规范了，举个例子，无论是体力劳动者还是拎着爱马仕手袋的上流社会女士都会穿牛仔裤。"

伊曼纽尔·劳伦特："就像我不喜欢被归类，我也不喜欢对我的服装贴上标签或使用社会规范。"

安尼米·维尔贝克："我很少在我的设计里玩弄社会准则了。这也和年龄有关，我现在已经过了这个阶段。曾经卷入其中时，可以反抗，或者随心所欲地玩。但现在，我会从自身开始，从自我身份开始。"

尼尼特·穆克："我喜欢穿舒适的衣服，但一般也不会穿牛仔裤去参加接待会（即使要穿，也会穿一条干净的）。当然，我喜欢那些会挑战社会准则或与社会准则背道而驰的设计师，如果他们不这么做，只会是糟糕的设计师！"

索尼亚·诺尔："无视社会准则是比利时设计师的重要典型特征。外行看不出他们设计的衣服是昂贵还是便宜。他们也不会把衣服分为工作装、晚礼服或周末休闲装。他们认为自己的衣服可以不受时间和场合的限制。"

安·惠本斯："我打破的一个重要社会准则是伪装。我觉得伪装很令人厌烦。我爱真理和真实，爱人们原本的面貌，爱那些敢于展现真实自我的人。而人们总习惯隐藏自我，所以当他们穿上我的衣服时，他们似乎突然坦然面对了真正的自己。"

"违反规范不是对规则的否定，而是一种超越和补充。" **乔治·巴塔耶（Georges Bataille）**

"粉红色是印度的海军蓝。" **黛安娜·弗里兰（Diana Vreeland）**

1998/1999 秋冬，摄影：伯特·霍布雷希茨

拉夫·西蒙
(RAF SIMONS)

1999 春夏，摄影：伯特·霍布雷希茨

1995 年，拉夫·西蒙的第一个男装系列问世。他的秀把传统教育（学校男生）和朋克、新浪潮这样的颠覆文化混搭，将风格特征模糊化，还巧妙地融合了“高级”时装、年轻文化、音乐、表演。这些元素交替轮换，既廉价又有型，既经典又破坏。

Raf Simons 服装系列在欧洲、日本、中国香港、中国台湾、马来西亚、美国、加拿大、俄罗斯的商店有售。

拉夫·西蒙 1968 年出生于内佩尔特，在根克卢卡艺术学院学习工业设计，毕业于家具设计专业。完成学业后，他作为家具设计师为展览馆工作，还接受私人委托设计家具，之后才开始推出时装系列。1995 年 1 月，他在米兰展示了他的首个男装系列。接下来一季，他来到巴黎，三次在巴黎的展览馆展出他的时装系列。1997 年，他举办了第一场秀。

“我想要展示的不是衣服，而是我的态度、我的过去、现在和未来。我运用回忆和对未来的想象，并试图把它们放入现在的生活中。”

流行 / 音乐 / 标志 / 偶像 / 粉丝
社交代码 / 年轻文化交流 / 非同一性
交流 / 身份
表演 / 传统

最喜欢的电影清单：
《悬丝 1》（马修 · 巴尼）
《蓝丝绒》（大卫 · 林奇）
《2001 太空漫游》（斯坦利 · 库布里克）
《堕落街》（贝尔恩德·艾辛格和乌利·埃德尔）
《妖夜慌踪》（大卫 · 林奇）
《闪灵》（斯坦利 · 库布里克）
《双峰》（大卫 · 林奇）

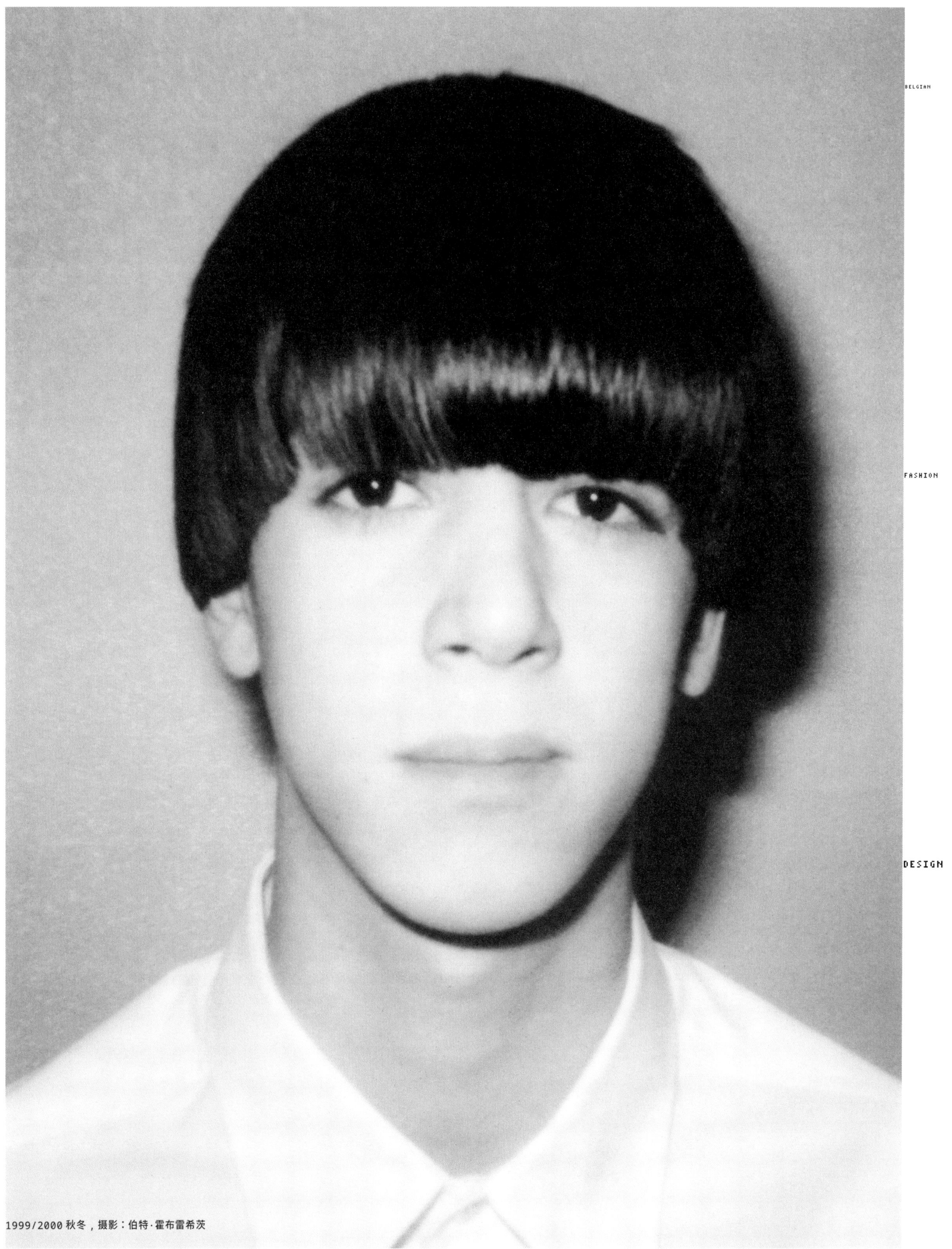

1999/2000 秋冬，摄影：伯特·霍布雷希茨

摄影：莎拉·瓦伦蒂尼（Sara Valentini）

1998/1999 秋冬，摄影：托马斯·恩格斯

摄影：托马斯·恩格斯（Thomas Engels）

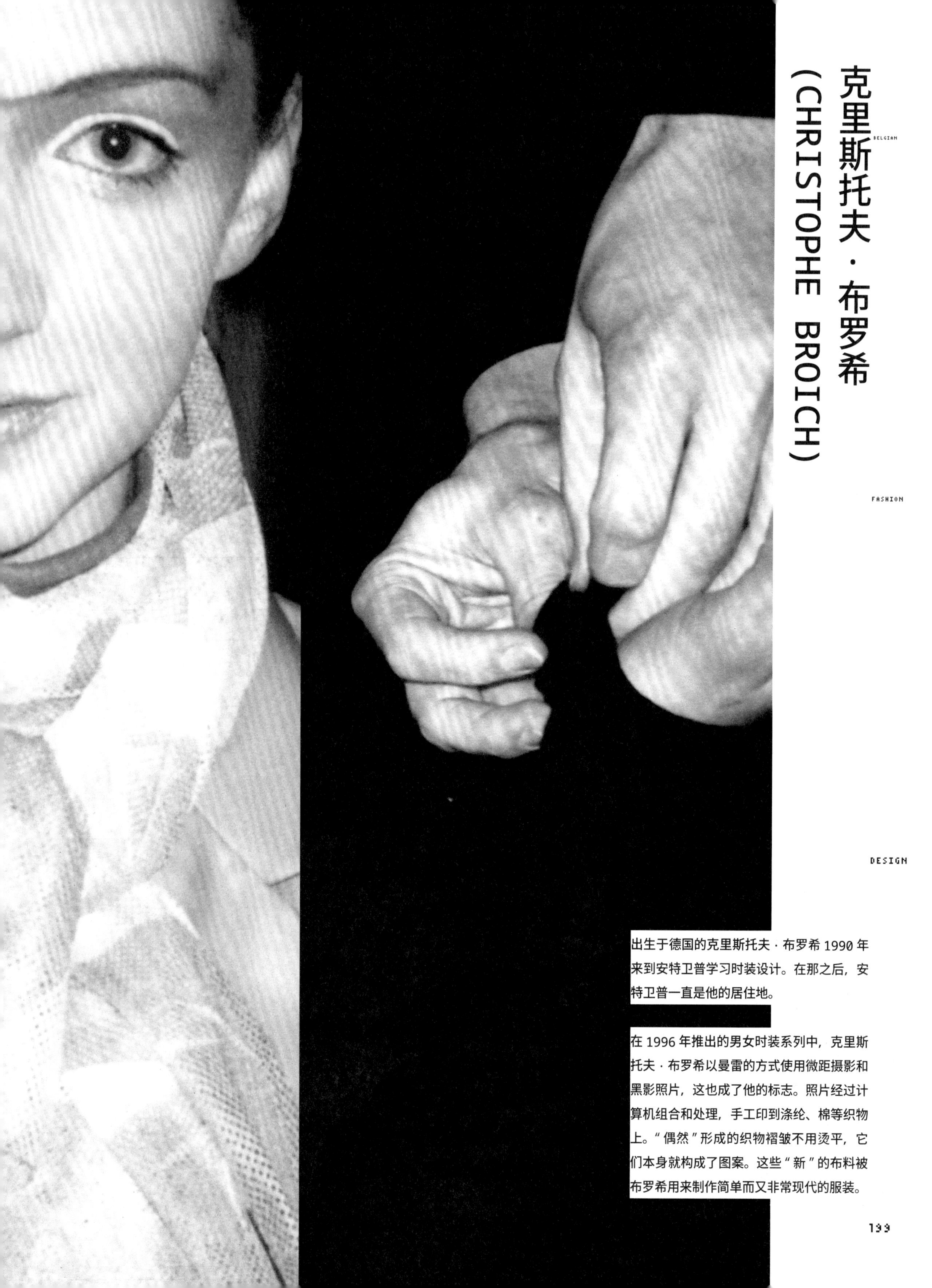

克里斯托夫·布罗希（CHRISTOPHE BROICH）

BELGIAN

FASHION

DESIGN

出生于德国的克里斯托夫·布罗希 1990 年来到安特卫普学习时装设计。在那之后，安特卫普一直是他的居住地。

在 1996 年推出的男女时装系列中，克里斯托夫·布罗希以曼雷的方式使用微距摄影和黑影照片，这也成了他的标志。照片经过计算机组合和处理，手工印到涤纶、棉等织物上。“偶然”形成的织物褶皱不用烫平，它们本身就构成了图案。这些“新”的布料被布罗希用来制作简单而又非常现代的服装。

1998春夏，¿People?
晚装系列，摄影：利
夫·布兰奎特

安·惠本斯 (ANN HUYBENS)

“一些旧东西，一些新东西，一些借来的东西，一些蓝色的东西。”

1998 春夏，¿People? 日装系列，摄影：利夫·布兰奎特

安 · 惠本斯从舞台顺其自然地进入时尚界：多年来，她一直担任舞蹈公司——比利时当代舞团（Les Ballets C. de la B.）的舞蹈家和设计师。她在根特接受纺织品培训并在罗塞莱尔学习图案设计课程，后于 1989 年自立门户。运动成为她所有作品的不变特征也就不足为奇了。她的衣服看来注定要与最意想不到的身体弯曲和转动相契合。此外，她希望自己的创作能鼓励人们动起来，鼓励人们跳舞。目标是让制作出的服装有益健康，尊重身体和皮肤，尊重自由自在的运动。

她的设计旨在将异国情调与宁静、怀旧与渴望、杂乱与平和融为一体。她在为身体设计、制作服装的过程中，将设计理念通过服装，或直接或隐喻地表达出来。服装系列中的所有作品只能定制。她的设计对象主要是女性，不论她们年龄、体形、身高如何。

一直以来，她的设计系列都会有午后、傍晚、夜晚的部分。惠本斯希望这样划分的三部分可以代表女性一生所经历的循环历程。她的衣服是三维的，螺旋形缠绕在身体上，没有起点也没有终点，寓意永不停止地运动。她用针脚、滚边、对比色来强调环绕身体的接缝。不对称的扣法、细节、廓形确保活动自如。螺旋裙和探戈连衣裙是她系列中的经典单品。螺旋裙没有起点也没有终点，螺旋状地缠绕在臀部周围。她的探戈连衣裙的长拖尾（a long train）很长，可以用一个小线袢套起来。

在选择面料时，她总是挑亲肤、天然而非合成的。有机印花、刺绣和针织面料的颜色会随着穿着者的运动或光线的改变而变化。

在真丝绉上印有人生当中的七种色调，是一个最受欢迎的颜色示例——从强烈的颜色到柔和的色调。她热衷有机材料，在设计中使用天然面料。例如，给鞋子配上鼓槌似的后跟或使用小马皮或鸵鸟皮制作（貂皮和羽毛披肩，5米长裹身式绒面革腰带）。

1997/1998冬季系列中，惠本斯首次根据她的眼睛符号推出一款珠宝。后来，她还用鱼等有机废料制成珠宝首饰。她的衣服中还会使用动物和蔬菜残余、树叶、羽毛、鱼骨头。1999年夏季系列的部分服装以人体为模型，由材料粘贴制成。这一过程中用到的菜还包括干肉块。

对页左图_1998/1999 秋冬，"Tango in Napoli" 日装系列，摄影：希尔德·韦普朗克（Hilde Verplancke）

对页右图_1998 春夏，¿People? 日装系列，摄影：利夫·布兰奎特

左下图_1998/1999 秋冬婚纱，"Tango in Napoli" 系列

右下图_1998 春夏，¿People? 系列

安·迪穆拉米斯特：“我在专心诠释一种音量，可以放大，可以很松散，以一种非常感性的方式。我在试图去掉一些在穿着衣服时表现出的感性动作，一种很随意的精神，似乎……”

左上图 _Ann Demeulemeester, 1992 春夏，摄影：马琳 · 丹尼尔斯
右上图 _1995 春夏，摄影：克里斯 · 摩尔
左中图 _1996 春夏，摄影：克里斯 · 摩尔
右中图 _1997 春夏，摄影：克里斯 · 摩尔
左下图 _Ann Demeulemeester, 1996 春夏，摄影：克里斯 · 摩尔

裸露（隐形的身体）

BELGIAN

FASHION

DESIGN

"在具象艺术中，情色表现为衣服与裸体之间的关系。因此，它的条件是从一种状态到另一种状态的转变。如果其中任意一种状态对另一种状态表现出基本意义上的排斥，这种转变的可能性就被舍弃了，同时也失去了情色的必要条件。在这种情况下，不论是穿着衣服还是裸体，都具备了各自的价值。" **马里奥·佩尔尼奥拉（Mario Perniola，意大利哲学家，美学教授和作家）**

伊曼纽尔·劳伦特："这种模仿/刺激是非常重要。意识到自己的身体并接受它，对我来说，这是优雅的开始。
"隐藏/暴露是我最喜欢的主题之一，甚至对男人来说也是如此；这更女性化一点。"

利夫·范甘普："性感很重要。我试图强调性感元素在我设计的衣服上创造一种感官上的张力，而不一定要明确表现出这些元素。"

阿齐尼夫·阿夫萨："衣服的功能之一就是遮盖身体。没有衣服，身体会更自由，但衣服给了身体某种神秘感，使它更难以接近。遮盖着的身体要比没有遮盖的身体更具诱惑力。"

维罗尼克·布兰奎尼奥："我发现'隐藏'在面料下的身体比裸露的身体更有吸引力。我非常喜欢神秘的事物，有点神秘主义倾向。事实上，你穿上衣服增加了神秘感，然而裸体并不能使身体更加性感。"

克里斯托夫·布罗希："裸露的肌肤可以是很正式的表现元素，可以突显出衣服的重要性，会给人一种情色的氛围。在我看来这很重要。但我没有想要去违反禁忌。"

马丁·范马森霍夫："女人会理所当然接受的事物（低领口，裸大腿，紧身衣）对男人来说仍然是禁忌。光着胳膊甚至会引起办公室里有人挑起眉毛。就不能宽容一些吗？男人也有身体。他们应该允许去使用他们的身体。"

安·迪穆拉米斯特："你能从一个女人的后背'感受'到她的女性魅力。"

Olivier Theyskens，1998/1999 秋冬，摄影：维姆·米歇尔斯（Wim Michiels）和凯伦·简森（Karen Jensen）

"认识到大自然赋予我们一层皮肤太少了，一个完全有感知能力的生物应该从外部穿戴上它的神经系统。" J.G. 贝拉德（J.G.Ballard）（译者注：一位多产的英国小说家，出生于上海并在那里长大。贝拉德最著名的小说《太阳帝国》是一部半自传体小说。）

J.G. Ballard, "Project for a Glossary of the Twentieth Century", *Incorporations*, (Zone 6), Zone Publications, New York, 1992, p.275

奥利维尔·泰斯肯斯："每一块皮肤都会有影响。只是以某种方式画一个领口就足以给人另一种感觉，另一种印象。

"我们身体的功能部分是手和头，这是最常暴露的部分；当你暴露另一部分时，你展示的部分有时是一些不具备功能性的部位，你会处在所有禁忌问题的中间地带，就像当你刚吃过东西时总是很难露出嘴巴。

"我最希望的是让女孩们变得漂亮。让她们性感不是我的目标。"

弗朗辛·帕龙："与禁止的关系……你不能绕过它……同样的，对于魅力、性感……穿着衣服或赤裸的身体，被遮盖/未被遮盖，好吧……但是灵魂呢？日本人会用一种穿衣服的方法来滋养灵魂。"

沃尔特·范贝伦东克："我总是会全情投入于赤裸的身体。用什么方式是你能摆脱的和你不能摆脱的。我想以某种方式展示一个阴茎，一个赤裸的男性，但我从来没有这样做，因为我找不到一种方法来做。我不只是想震惊别人。

"我终于做到了，我在一条裤子上印上了一个阴茎的图案，这条裤子在秀场上成了一条会欺骗你眼睛的裤子。乍一看，它似乎完全真实。观众似乎也这么认为，直到模特从他们身边经过。然后他们松了一口气——那只是印上去的。在那一场秀上，我设法将两件事结合起来：裸露的震惊和图像的智力测试。"

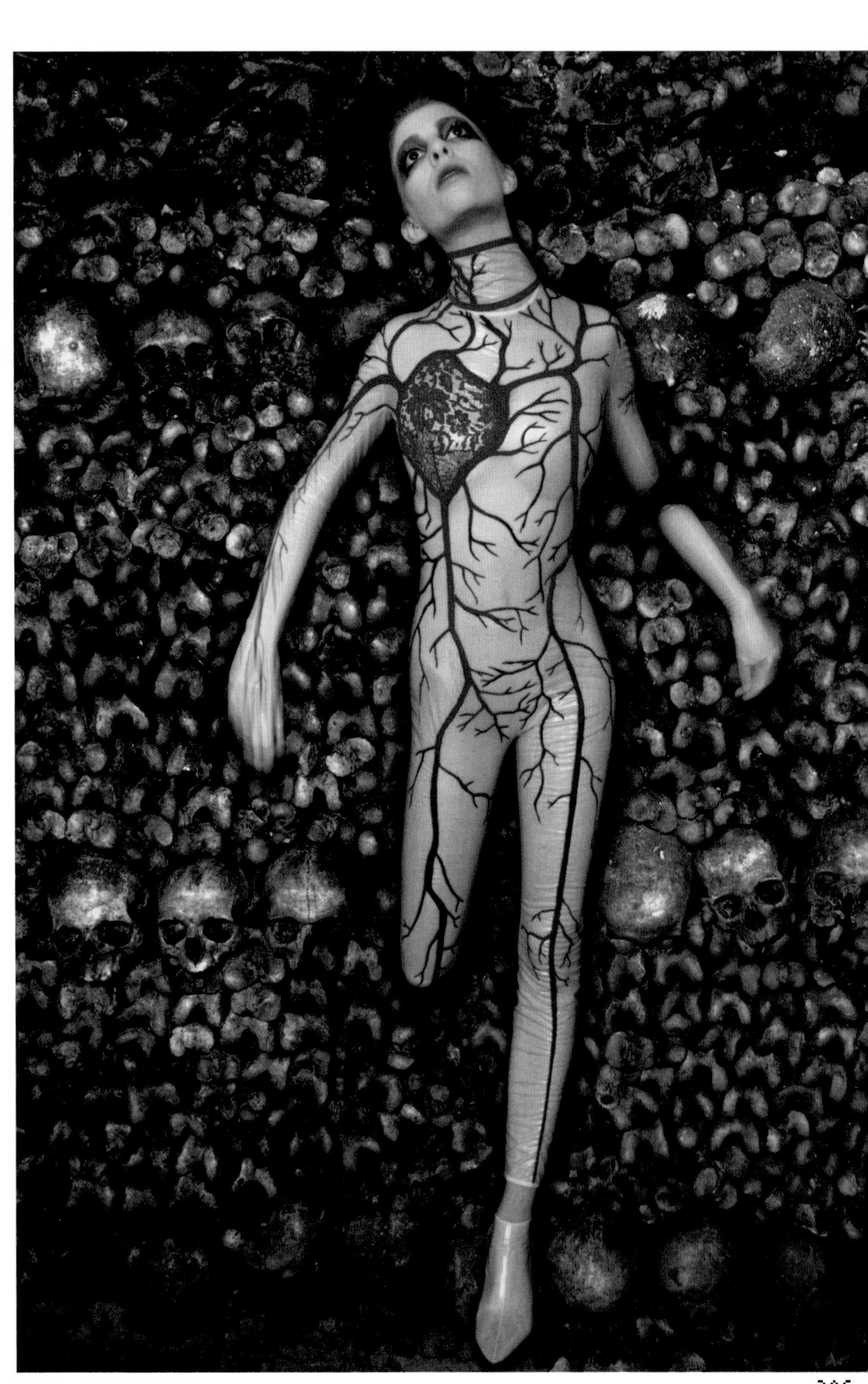

左上图 _Walter Van Beirendonck，“阿凡达”，摄影：罗纳德 · 斯图普斯

右上图 _Walter Van Beirendonck，W.&L.T. 秋冬，“Wonderland（仙境）”，摄影：克里斯 · 鲁格

左下图 _Lieve Van Gorp，1998 春夏，“Our Girlie Gang（我们的小妞帮）”，摄影：阿斯特丽 · 朱伊德马

右下图 _Lieve Van Gorp，1997/1998 秋冬，摄影：吉列斯 · 施皮普斯

对页图 _Olivier Theyskens，1998/1999 秋冬，摄影：赛克勒普斯（Cyclopes）

材料（第二层皮肤）

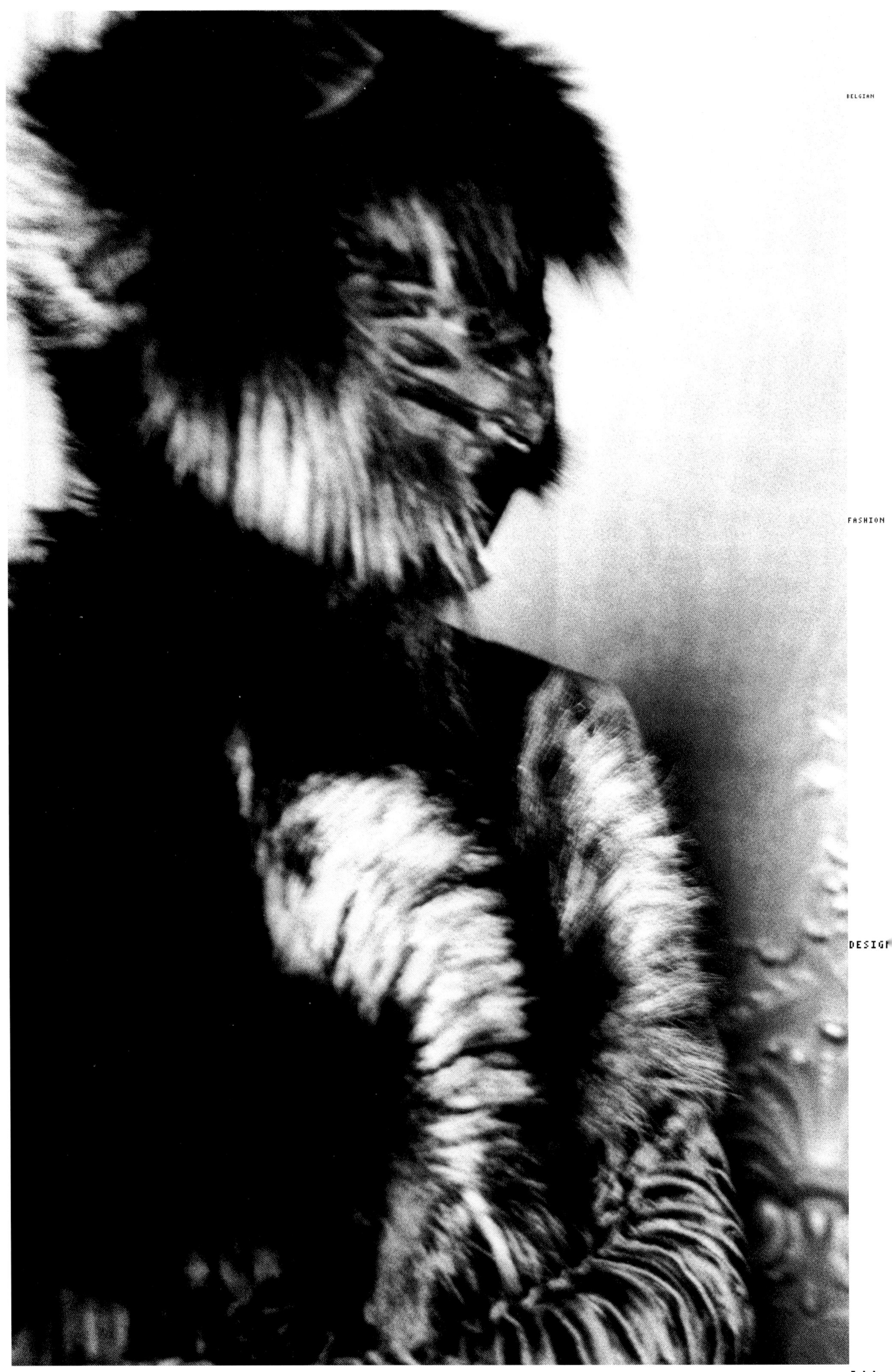

"我喜欢面料织物，因为它创造了与事物之间暂时而非永久的关系。这是非常短暂的……这种面料织物为我的项目增添了动态的形式，因为你很清楚它不会永远存在，是会被移除的。"

Christo, in *Ocean-front*, Princeton University Press, 1975, p.27

Dirk Van Saene, 1991/1992 秋冬，"生存"—长衬衫裙外面套着连身裙。手针钩编的女士长围巾。摄影：罗纳德·斯图普斯

对页图_Olivier Theyskens, 1998/1999 秋冬。照片提供：Olivier Theyskens

弗朗辛·帕龙:“材料打乱了一切事物：剪裁方式，约束 / 舒适的概念，美学。”

斯蒂芬·施耐德:“材料的选择是每个系列中最重要的部分。因此，我一直在寻找能够讲述自己故事的面料。材料的温暖或冷漠、考究或动感的外观决定了该系列的氛围，这也需要设计的支持。”

沙维尔·德尔科尔:“我会花很多的注意力在材料上，因为它们都是参考资料。我喜欢改造材料，让它们发光。”

卡特·提利:“我通常会从材料入手以达到设计要求的形式，要么反之。通常我把材料作为设计开发的基础，但如果我已经有了一个想法，我会很明确地寻找那一块具体的面料。材料、形式和我想要讲述的故事都同等重要，它们被排列在一起。”

A.F. Vandevorst:“材料与形式是相辅相成的。首先，我们研究服装的形式，但材料的选择有助于确定服装设计背后的理念；它可以突出服装的廓形，使人想穿上服装，也提供了舒适的穿着体验，可以给服装一种特定的感觉……但是，对我们来说，材料的选择必须与设计形式保持平衡。材料当然不应该占主导地位。”

简·韦尔瓦尔特:“材料是 Jan Welvaert 设计系列中最重要的元素。它必须让人感觉很好，令人欣喜……”

英格丽德·范德维勒:“我认为材料的选择是非常重要的。我喜欢将不同的材料组合应用在一套服装上，你可以在硬和软，或是在哑光和闪亮之间获得对比反差效果。有时我也会使用一些不适合应用于服装行业的材料。

“我坚持使用素净的颜色，永远不会把对比色混合在一起使用。我的起点是黑色，因为黑色是纯净的，不受限制的颜色。黑色会使面料构造变得明显易见，即使保持一点距离也能很好地显现出来。

“对于一个特定的设计，正确的材料选择应用会提升设计的附加值，会预测出下一季商业系列的趋势。”

安·迪穆拉米斯特:“材料和形状之间是相互作用影响的，它们是相连的。你可以用一种材料加固一个形状，或是弱化它……一种材料可以制造或破坏一个设计。如果用合适的材料做成了合适的形状，你就有了一个完美的效果，那么你很快乐，然后一个强化了另一个。有时会出乎意料地得到极佳的效果。但是如果你用不同的材料做同样的东西，它可能看起来是完全错误的。

“材料有很多不同的‘感觉’——它们可以是易碎的或流动的，硬的或软的……这一季我们选择应用的材料，一年后可能会觉得很不一样。你永远不会做出同样的选择。例如，我一生中从来没有用过亚麻布，去年我不得不用它，因为这是唯一一款适用于我的设计的面料。你对材料的选择是随着你的发展而变化的，并且取决于你的想法，你会觉得这些是适合应用的材料而不是其他的。这就是为什么我们经常设计 / 开发我们自己的材料，因为有时我们需要实现一个设计想法，但是没有可用的材料！”

利夫·范甘普:“材料应具有一定的纯度，是‘协调的’，而不只是有‘装饰’作用的。设计形式也是这样的。”

鲁迪·德博伊塞（Rudy Deboyser）:“服装是一种表现形式，颜色在其中起着重要作用。当我开始设计一个新的系列时，我会依据灵感来源从材料和颜色的选择开始。只有这样才能思考设计的直观性、形式和影响力。”

维姆·尼尔斯:“同样的材料经常会被用于我的两个系列（男装和女装），范围从毛料之类的粗织物到真丝之类的柔软材料。我想找到可以同时在男装和女装系列里使用的布料，寻找这种特殊的布料往往是我工作的出发点，合适的面料很少有，即使有这种材料，也会被所谓的‘男子气概’或‘女性气质’所区分。”

杰西·布鲁斯:“一件衣服应该令人感觉愉快，不应该是刺激的不舒服的。材料的选择并不重要，除非是在心理层面上。在飞机上拿出一件羊绒围巾围住自己的人会比围着一件腈纶围巾的人感觉更优越。

“舒适是无形的，但却是必不可少的。你必须能在洗衣机里洗一件衣服而不会出现太多问题。”

克里斯托夫·布罗希:“材料是非常重要的，是新的创作的出发点。我们从材料开始。当我们应用材料在试验阶段时，新的形式 / 形状会出现。作为一名设计师，我有时会想知道这种材料的‘灵魂’是怎样的，以及如何在服装中传达。我会慎重地对待使用一种材料，也可以有意识地反向应用这种材料来揭示它的本质。有时候‘反对’特定的材料实际上也是一种挑战。”

丽莲·克雷姆斯:“材料所具备的‘感染力’对我来说很重要，但并不是至关重要的。剪裁方式和舒适度，外加颜色，始终是优先于材料的。”

奥利维尔·泰斯肯斯:“我们的身体丧失了很多感知能力，因为它只能感知的是衣服。”

尼尼特·穆克:“目前，材料甚至比剪裁更重要。近几年来，人们发明了如此多的新材料 / 新处理方式，这些就足够维持时装界的持续运转了，时尚也受到了这些新材料的影响。这大概就是近年来简陋的剪裁方式如此流行的原因吧？”

上图_Ingrid Van de Wiele，1997/1998 秋冬，
摄影：弗雷德里克·德布伦（Frédérique Debrun）

下图_Dirk Bikkembergs，1999/2000 秋冬，摄影：
米歇尔·康德

闪亮 & 活力的乳胶
安全性交
生态保护
新皮肤

FASHION

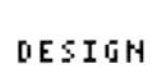

对页
左上图 _Ann Demeulemeester, 1999 春夏，摄影：帕特里克·罗宾
右上图 _Stephan Schneider, 1996/1997 秋冬，摄影：马克·鲁宾斯卡（Marc Rubenska）
左下图 _Christophe Broich, 1998/1999 秋冬，摄影：托马斯·恩格斯
右下图 _Josephus Thimister, 1999 春夏，摄影：菲利普·比安科托

本页
左上图 _ 羊毛？Lieve Van Gorp, 1997/1998 秋冬，摄影：科内利·托伦斯
右上图 _Walter Van Beirendonck, W.&L.T., 1995/1996 秋冬，“天堂娱乐出品”，摄影：卡尔·布鲁因顿克斯
左下图 _Véronique Leroy, 1999/2000 秋冬，摄影：夏洛特·鲁普（Charlotte Loupe）
右下图 _Dries Van Noten, 1997 春夏，摄影：奥拉夫·威帕罗斯（Olaf Wipperfurth）

德赖斯·范诺顿（DRIES VAN NOTEN）

1995/1996 秋冬，摄影：斯蒂芬·范弗勒特恩（Stephan Van fleteren）

上图 _1995 春夏，摄影：斯蒂芬·范弗勒特恩
下图 _1995/1996 秋冬，摄影：马琳·丹尼尔斯

这场秀在巴黎的一个室内停车场举行，发布展示了1996/1997冬季女装系列，其中一名埃及肚皮舞者在金色背景布前的100支彩色蜡烛间表演，秀上还提供了甜茶和北非甜食：一个令人着迷的布景搭建衬托着一场同样令人陶醉的秀。

1995年9月，范诺顿获得了在Pitti Uomo男装周上展示他1996年夏季男装系列的机会，这是佛罗伦萨的时尚男装博览盛会。整个活动更多的是关于一种深刻的印象，一种心情，不仅可以近距离地欣赏这些设计，更是一场真正的男装时尚游行盛会。在米开朗琪罗广场的秀以令人惊叹的烟花表演和迪斯科派对结束，主要嘉宾是大卫的雕像。

对页图_1996/1997年秋冬，摄影：马琳·丹尼尔斯
本页图_1996春夏，摄影：斯蒂芬·范弗勒特恩

摄影：马琳·丹尼尔斯

1997 春夏，摄影：罗纳德·斯图普斯

1997/1998 秋冬，摄影：马琳·丹尼尔斯 & 罗纳德·斯图普斯

德赖斯·范诺顿是当代时尚界最杰出的设计师之一。他开始他的国际职业生涯是作为“安特卫普六君子”其中之一，这是一个由年轻设计师组成的非正式团体，包括毕业于安特卫普皇家艺术学院时尚系的其他同学——安·迪穆拉米斯特、玛丽娜·易、德克·比肯伯格、德克·范沙恩和沃尔特·范贝伦东克（除玛丽娜·易于 20 世纪 80 年代末期退出时尚界，七年后再回到时尚界重新开始之外，其他五人现今均在世界服装界占有举足轻重的地位）。

德赖斯·范诺顿的衣服是一次持续不断的旅行游记……甚至他的第一个设计系列也带有印度文化影响的痕迹和男装的“传统”。这两个元素是他设计系列的主题。

除了印度，范诺顿的灵感来自摩洛哥、埃及、中国和泰国等国家。异国情调被他吸收、结合和阐述。他混合了一切，结合了西方和远东、中东的风格元素。其结果是现代的，而不是严格意义上的民族或民俗的。德赖斯·范诺顿诠释了柏柏尔（Berber）妇女或艺伎的美丽，给她们穿上新的衣服。

一件普通的白色衬衫搭配一条缠绕式半裙，一件简单的配有和服袖子或阿拉伯式图案的夹克。

对一个设计师来说，同时以男装和女装系列设计而闻名是很难得的，但德赖斯·范诺顿就是这样的设计师。他的设计考虑了所有类型的男人和女人。无论他们高或矮，丰满或苗条，他们都会在范诺顿的设计中找到他们喜欢的衣服。范诺顿成功地让不想穿西服的男人穿上了他制作的西服，让不喜欢穿裙子的女人穿上了他设计的裙子。他通过自己选择的面料和剪裁方式来吸引他们。面料和颜色对范诺顿来说是非常重要的，他在纺织界里长大，十六岁时起就已经在为父亲的服装店购买面料了。他的面料通常是专门为他染色和预洗（面料会有缩率，所以通过预先水洗来减少缩率）过的。他使用纯天然的面料，如真丝和羊毛；他更喜欢面料看起来不要太新，应该感觉柔软，看起来像是已经被穿过似的，好像衣服已经“磨破了”。他用纺织物作尝试：平淡无奇的材料被更透明、更重或更轻的所代替。微妙之处在于对面料的使用方式，一层叠加在另一层上，以及不同材料的组合。

一件衣服的穿着用途也可以改变：一件夹克可以当衬衫穿，反过来也一样。他很少强调服装的结构，他的设计服从于舒适和优雅。德赖斯·范诺顿擅长于将对立的事物结合在一起的艺术——简单与复杂，传统与创新——同时一直在确保某些传统的延续。他倾向于把自己看成一名裁缝。

他将个人风格通过细微的差异添加到古典风格的服装中。范诺顿的服装展示了对某些传统的尊重，以及灵活应变的处理方式。这种专长爱好是他作品的基本要素之一。如果他在比利时或欧洲找不到可以应对的灵感，他就去别的地方。精致的订珠亮片和刺绣围巾是德赖斯·范诺顿的设计“外观”中典型的配饰，其中很多由印度尼西亚制造。配饰在他的作品中起着重要的作用，它们可以完全改变作品的外观和表现出外在情绪。

1991 年 7 月，德赖斯·范诺顿在巴黎举办了他的第一场个人首秀。1992 年，他的男装和女装夏季系列“命运和财富”发布，已经为后来的秀定下了基调。整个“产品”系列、展示和安排，流露出一种宁静的氛围，这种氛围在巴黎的秀场上已经缺失很久了。

德赖斯·范诺顿的秀保持在他自己的同一类型范围里：他总是在寻找一种搅乱时尚世界平衡的方法，让人措手不及。每场演出都是一个聚会，有小吃和饮料。他甚至会把棒棒糖、薯条或提神饮料塞到观众的鼻子底下。德赖斯·范诺顿一直在寻找一个具有装饰风格的特殊场所。

本页图 _1997/1998 秋冬，摄影：罗纳德 · 斯图普斯
摄影：塞巴斯蒂安 · 舒泰瑟 (Sebastiaan Schutyser)

对页图 _1998 春夏，摄影：马琳 · 丹尼尔斯

德赖斯·范诺顿明确反对20世纪90年代的时尚概念。在"极简主义"和"解构主义"彻底打乱了80年代末时尚界的"旧制度"之后，要创造出真正的东西是一个挑战。但这不足以破坏旧的价值观，德赖斯·范诺顿又让其生命复苏在前卫时尚虚无主义之后。他仍然坚持着让他那长长的、富有诗意的设计外形变得具有现代感。1994年他的夏季系列秀——他的第一场以女性为主题的个人秀——在巴黎乔治五世酒店举办，《国际先驱论坛报》（*International Herald Tribune*）的苏西·门克斯（Suzy Menkes）将他描述为"新秩序、朴素和简单"的引领者。引用门克斯的话说："当时尚中有那么多刻意刺耳难看的东西时，看到一丝柔情就会让人耳目一新。"

尽管他在国际上取得了成功，但德赖斯·范诺顿仍然忠于安特卫普。他实际上把他的城市称为"一个世界性的村庄"。从斯海尔德河（Scheldt river）旁边的那座城市开始，他经营着他的时尚帝国，包括在香港和东京的商店，以及洛杉矶等地的销售网点。他的"旗舰店"仍然是他的安特卫普精品店Het Modepaleis。他的所有商店展示风格都映射出设计系列的氛围，橱窗里设有真实的陈列布景，商店内部也有适当的装饰布局。

1999春夏，摄影：罗纳德·斯图普斯

1999 春夏，摄影：米歇尔·杜兰特（Michel Durant）

1999/2000 秋冬，
摄影：米歇尔·杜兰特

1999 春夏

安尼米·维尔贝克（ANNEMIE VERBEKE）

BELGIAN

“不久前，我在弗莱基广场（Flagey Square）看到一个 75 岁左右的女人：她穿着一件 K-WAY 外套（译者注：K-WAY 是法国品牌，诞生于 1965 年，做雨衣起家，是欧洲北美知名户外品牌），里面有一件针织毛衫搭配一条刚过膝盖的半裙……她看起来正是我希望我的设计系列该有的样子。我知道 99% 的人没有注意到，同样她也不知道。这就是我喜欢看街景的原因。我认为一个衣着完美的女人是很棒的，但她不会赋予我灵感。”

安尼米·维尔贝克有一个关于经编针织物的“事业”。早在 1979 年，她创立自己的品牌，加入了比利时针织联合会，在那段时间，她与马丁·马吉拉等人一起为比利时的时尚产业编辑了趋势书籍。她特别为自己的针织系列品牌定制了一个名字，自 1987 年开始，她做了连续六个季的针织系列。后来，她进入了成衣贸易体系，开展了许多活动。此外，她在伦敦和巴黎担任（现在仍然是）色彩顾问，并开始在布鲁塞尔的坎布雷国立视觉艺术高等学院的造型工作室任教。

1999 年，她推出了一条全新的设计线：在编织面料上增加了经编织物。她的新系列是轻薄的、简单的、敏感的、清新的、富有诗意的，同时又很舒适。材料和颜色，以及它们之间的相互关系是非常显眼的，外形也总是很简洁的。

安尼米·维尔贝克一直在寻找带有强烈风格的、触感好的、传统的和高科技的面料，同时又不断努力成为色彩创造的大师，感谢她在这一领域的长期经验。

她从对现实的敏锐观察和由此产生的幻想中获得了自己的美学观点。她试图将具象的事物与艺术结合起来，并运用这种在结合中生出的活力创造出一幅清楚易懂的画面。

她描述自己的衣服是一个新的或进步的古典剪影。

1999/2000 秋冬

1999/2000 秋冬，摄影：艾蒂安·托多尔

鲁迪·德博伊塞（RUDY DEBOYSER）

鲁迪·德博伊塞，在以 ETCtera 品牌名开始他的系列作品之前，为意大利品牌 Iceberg 工作收获了很多经验，他为 Iceberg 设计开发了几季男装和女装系列。他作为自由职业造型师为几个比利时品牌工作，之后推出个人的设计系列。扎伊尔（Zaïre）是他出生和长大的国家，显然对他产生了影响。这很明显地体现在他使用“天然”和辛辣，或者更确切地说是“褪色”的颜色时，以及他设计系列里带有结构式的悬垂感和线条。他设计系列中恒定的元素是不断变化的体积和拉长的轮廓。他设计的作品在视觉感官上总是或多或少带有民族色彩，但从来没有落入俗套。

这些设计系列的特点是对原材料的深入研究，因为面料在他的设计中非常重要。他偏好使用天然的、悬垂流动感的材料，例如亚麻、棉花、粘胶纤维、真丝和羊毛，这些面料既简单又奢华，给人一种很休闲自在的感觉。绣花钉珠织物、独特的图案、精致的针织品和微妙的透明织物可以无限地结合在一起，从极度的简朴到微妙的民族文化参照，承载着温暖而谨慎的感官享受。

上排从左至右 _1999 春夏，摄影：卢卡·维拉姆

下排从左至右 _1999/2000 秋冬，摄影：卢卡·维拉姆

变形（雕塑）

一件 XXXL 码男士内衣背心（烫出波浪）被套在一件细织网纱尼龙 T 恤衫里，创作出一条长款连身裙。

Maison Martin Margiela，1990 春夏，摄影：北山达也（Tatsuya Kitayama）

杰西·布鲁斯:“雕塑？形象建筑。对设计师来说，这是一种自我放纵的形式。”

伊曼纽尔·劳伦特:“我更喜欢这样的想法：衣服是通过穿在人的身体上来传递信息的，而不是在被穿上之前。”

马丁·范马森霍夫:“为什么要改变一个完美的雕塑（身体）？当我在开发我的设计系列时，完美的雕塑就是我的起点。”

弗朗辛·帕龙:“雕刻的服装是纯粹的研究探索，或是设计师的自我放纵。即使它能进入博物馆，受到所有的媒体关注，迷住了一个特定的公众群体……哦，这是梦想的力量！”

卡特·提利:“对我来说，时尚设计与雕塑有着密切的关系——‘时尚雕塑’。我研究身体的所有细节（骨骼、形状），作为一个不断移动的形体，它的另一层正在被雕刻着。”

尼尼特·穆克:“设计像雕塑一样的服装是设计师展示技能的一种方式。因为他们是设计师，他们的一些想法根本无法被设计成可穿戴的衣服。并不是所有设计师秀出的作品都必须被出售。想象一下，设计师只被允许设计可穿戴的衣服……他们会在设计几个季过后而感到无聊和僵硬！”

格迪·埃施:“‘雕塑’服装的作用是检验、质疑、延伸界限、创造。”

奥利维尔·泰斯肯斯:“对于1999/2000冬季系列，我一直在研究设计外形所体现出的量。这些量与身体之间没有任何关系。从某种意义上说，他们是荒谬的，是一种超越极限的渴望，夸大的相对主义。”

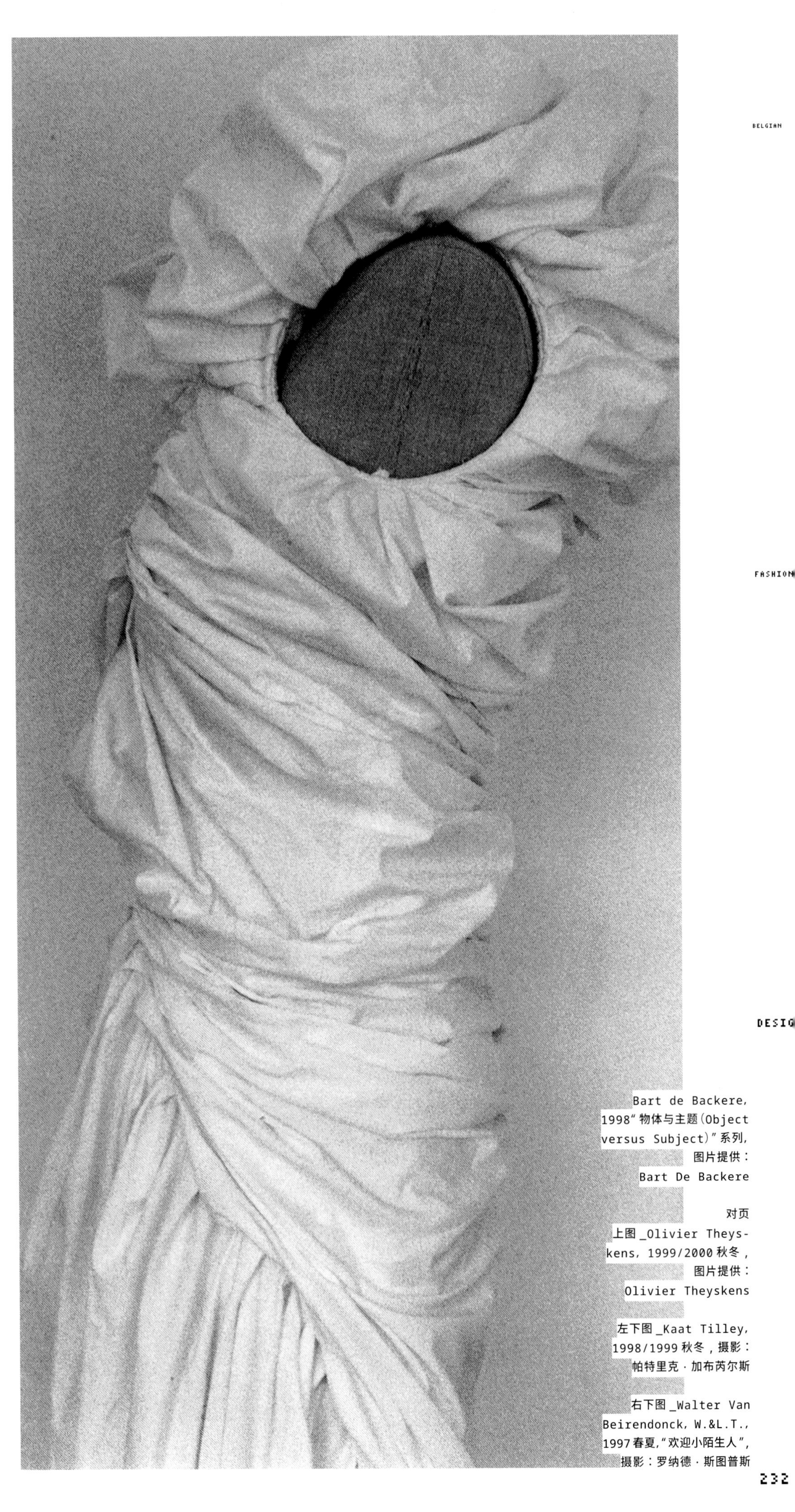

Bart de Backere, 1998“物体与主题（Object versus Subject）”系列，图片提供：Bart De Backere

对页
上图_Olivier Theyskens, 1999/2000秋冬，图片提供：Olivier Theyskens

左下图_Kaat Tilley, 1998/1999秋冬，摄影：帕特里克·加布芮尔斯

右下图_Walter Van Beirendonck, W.&L.T., 1997春夏，“欢迎小陌生人”，摄影：罗纳德·斯图普斯

奥利维尔·泰斯肯斯
(OLIVIER THEYSKENS)

1997 年夏天，奥利维尔·泰斯肯斯还是布鲁塞尔的坎布雷国立视觉艺术高等学院三年级学生，他就被巴黎一家主要的新闻机构评为“时尚宠儿”。几个月后，他放弃了课程，并在巴黎时装周上展示了他的第一个设计系列，那一年是 1998 年。这立刻使他成为坎布雷国立视觉艺术高等学院最出色的前任学生和在巴黎办秀的最年轻的设计师。

然而，第一批女装从未售出。不是因为它不吸引公众，也不是因为它不适合穿着，而是因为年轻的设计师不想这样做。对他来说，这次秀是一个测试案例，实际上是一次试运行，目的是通过展示他所能做的一切建立自己的声誉。

这证明了他对从事这一职业的热情。这是个高度折中的系列，从装饰有女性循环系统的塑料紧身衣，用窗帘材料制成的奢华舞会礼服，到用厨房毛巾或蕾丝制成的长裤套装。这场秀的演出形式是相当令人毛骨悚然的。在一座明亮、空旷的宅邸里，苍白的模特们轻蔑地从公众面前走过，整体效果非常幽默。

他的后续系列中没有第一季的折中主义，他的秀在情绪上变得更加严肃。似乎他已经做出了选择；他会跟随他的直觉，展示出通过极仔细地研究、描绘、预言性的设计系列。这并不意味着他的风格可以被定义，因为到目前为止所有的三个系列都是完全不同的。

一个反复出现的元素是他对钩扣和钩环的偏好，它们被反复使用。束身衣是不可能用舒适这个词来形容的，但它让女人们更具吸引力：这是设计师宣称的专有的特定目标。

他想要设计一个非常优雅的 1999/2000 冬季系列，带有一些偶然的不和谐。他的单色轮廓的统一性被跑道上的几个人体模型打破了，被包裹成引人注目的材料结构。这正是他自己说的“反极端主义”。

奥利维尔·泰斯肯斯：运用技术会带来乐趣。

1998/1999 秋冬，摄影：赛克勒普斯

对页图 _1998/1999 秋冬

1998/1999 秋冬，摄影：赛克勒普斯

对页图 _1998/1999 秋冬，摄影：让 - 弗朗索瓦·卡利
(Jean-François Carly)

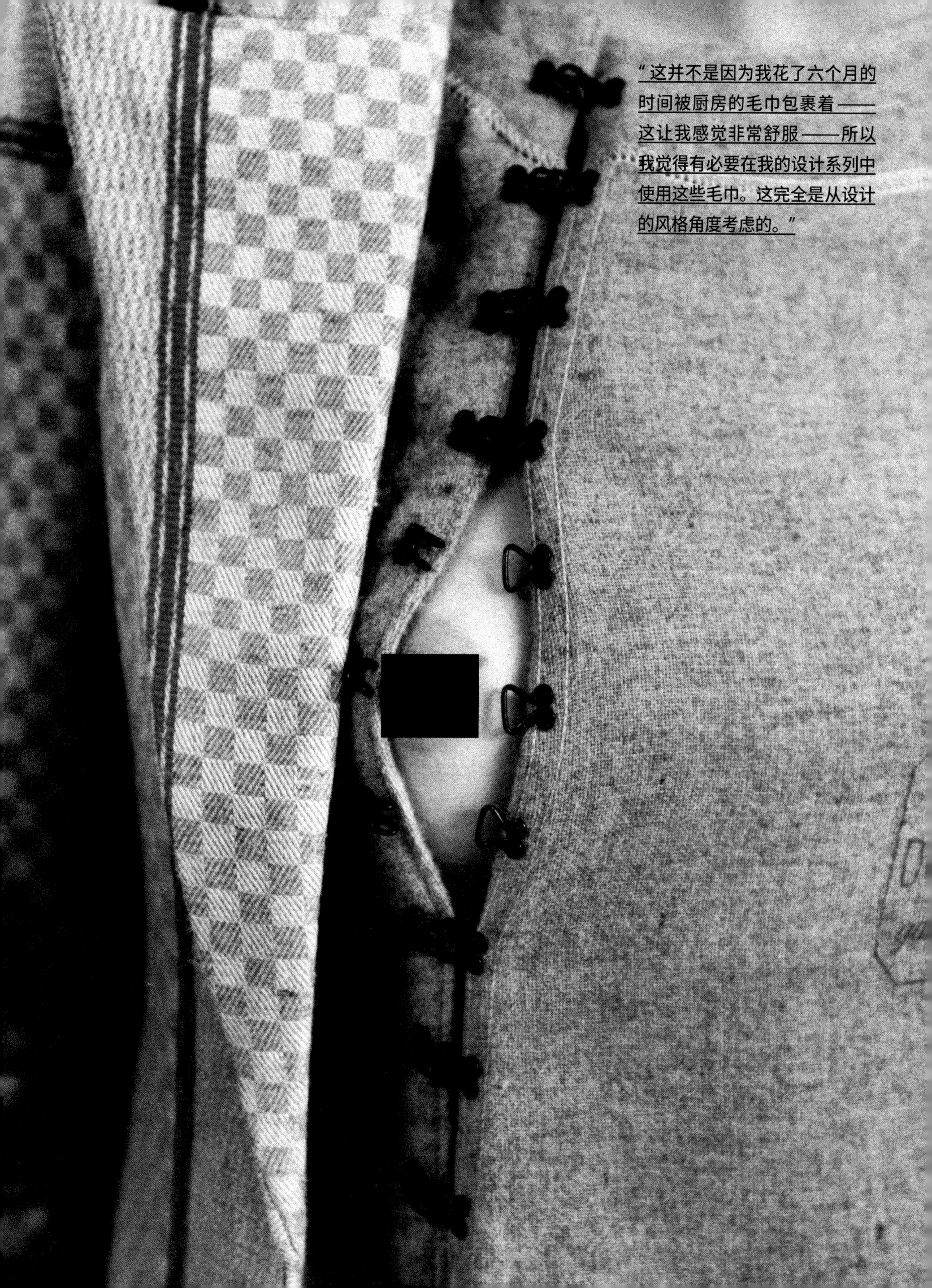

"这并不是因为我花了六个月的时间被厨房的毛巾包裹着——这让我感觉非常舒服——所以我觉得有必要在我的设计系列中使用这些毛巾。这完全是从设计的风格角度考虑的。"

1999/2000 秋冬
图片提供：Olivier Theyskens

“我想让这一系列变得极端。单黑色，略带蓝色和白色。与此同时，人们渴望超越极端，展示出荒谬的一面。”

“设计完成一个系列最困难的问题就是去认清你到底想看到什么。就像一个巴西人做了他的狂欢嘉年华服装：他要花六个月的时间来做这套服装，但他的压力将会是在狂欢游行的那一刻，一切都必须做到完美。”

“服装的历史是有趣的，会令你想要脚踏实地去做设计，并提醒着你也没有做出任何非凡的事情。只要看看过去做过的每件事，你就会马上去做更实际的事。”

“二十年后，人们会看到我的衣服是 1999 年做的，可能就会变得很难穿。”

身体（模型）

马丁·范马森霍夫："为什么要改变一个完美的雕塑（身体）？当我在设计开发我的系列时，完美的雕塑是我的出发点。"

杰西·布鲁斯："时尚支配着身体，想想凯特·莫斯（Kate Moss），厌食症，膨胀的同性恋者，等等。在这方面，时尚和潮流比服装更重要。"

弗朗辛·帕龙："在一段时期里，人体的标准作为"标识"。纤细的线条和厌食症成了人们的梦想，但谁将承担责任？否则更多的形象会是……幸运的是，商业上的考虑又让他们回到自己的现实生活中……所传达的形象和所销售的形象之间的差距越来越真实。"

奥利维尔·泰斯肯斯："一件衣服往往需要一个特定的身型，这件衣服可能会稍微修饰一下身型，但你也必须认识到，一个身体是根本不允许自己被修改的！为全世界提供八种尺寸、八种形态的选择，与人们的多样化是没有可比性的。"

丽莲·克雷姆斯："衣服遮盖着身体，但同时也暴露出某种'赤裸'。毕竟，时尚展示了人们的感受或想要的感受。它揭示了我们的身份和我们对我们身体的看法，或我们希望我们的身体是怎样的。"

索尼亚·诺尔："人们用衣服塑造自己的身体。时尚会带来惊喜，调整比例会发现不同的效果。当然，人们想穿在自己的身体上试一试，穿在他们身体上的效果会起决定性的影响和作用。为什么他们需要看到镜子里的自己？"

阿齐尼夫·阿夫萨："有了衣服，你可以耍些小把戏，你可以纠正，重新定义，伪装或改变一个身体的外形。你可以提升身体的气质地位，或者让眼睛适应人体的缺陷，这样做可以改变对形体审美的标准。"

沃尔特·范贝伦东克："我对克隆和操纵身体的想法非常着迷。在黑色美人的设计系列中，我想提出一些问题是关于公认的美丽标准和整形手术的可能性，这种手术需要多大程度在伦理上是可以被接受的……然后我开始创造新的比例尺寸。我想证明，我们认为人体应该遵循的标准是可以很快被重新思考或改变的标准。我还认为，未来的身体将不同于我们今天所知道的身体，这意味着服装也会有所不同。也许有一天，运动员可以很容易地操纵身体的一部分，使自己跑得更快，当然，一旦这种可能性存在，人们就会利用它。例如，如果一个打字员想要一个额外的手指，就可以提供一个。我认为最终身体会被操纵，以有益于某些特定的功能，增加其生存的机会，使其更有效率。"

Walter Van Beirendonck，W.&L.T.，1998春夏，
“对美的迷恋”。摄影：弗兰克·杜穆林

马丁·范马森霍夫（MARTIN VAN MASSENHOVE）

上图 _1999/2000 秋冬，摄影：艾蒂安 · 托多尔
中图 _ 摄影：卢卡 · 维拉姆
下图 _ 摄影：艾蒂安 · 托多尔

对页
上图 _1998/1999 秋冬
下图 _1998 年春夏，摄影：卢卡 · 维拉姆

尽管缺乏正式的时尚培训，但在 1997 年，马丁 · 范马森霍夫仍然成功推出了他的第一个男装系列。这一系列的主要构成部分是他最爱的针织衫。

随着时间的推移，范马森霍夫的兴趣不断扩大；在 1999 年夏季系列中，他还设计了一系列男士首饰。他的首次亮相是在巴黎举办的 1999/2000 冬季系列时装秀上，这是一个羽翼丰满的系列，里面有衬衫、外套、皮衣、皮带，当然还有首饰。

男性的身体是他的设计系列的灵感来源。微妙、柔软的线条完美地贴合身形。一件 Martin Van Massenhove 的服装不是要保护和掩盖，而是要暴露穿着它的身体。

他的经典都市装中穿插着街头和运动装元素。舒适的针织长裤与时髦的粗花呢夹克、府绸或弹性衫面料制成的夹克，羊绒套头衫要么很薄，要么很厚重，就像一件没有纽扣的外套。柔和的色调是基础，但每一季都会有一个不协调的颜色，像亮粉色。印花的范围从具有收腰效果的“轮胎印花”到提花图案，应有尽有。

身份（非同一性）

“作为一个整体，定向的个性化体系被绝大多数消费者视为自由的体验。只有在挑剔的目光下，这种自由才会显得是纯粹的形式化，而个性化对相关的人来说是一种不幸。”

Jean Baudrillard, *Le système des objets*, Gallimard, Paris, 1986, p.214

“事实就是美、神秘、有趣、壮丽、魅力这些使人着迷的特质，可以被一个人从与他拥有的、和他密切相关的事物中借来，这就解释了漂亮的、异域的、设计独特的、丰富的或象征性服装作为一种吸引的手段；还有除服装以外的装饰物的迷人效果，如珠宝、香水……”

Curt J. Ducasse, *Art, the Critics and You*, The Liberal Arts Press, New York, 1944, pp.151-170

沃尔特·范贝伦东克：“我认为时尚和身份的游戏往往可以归结为同一件事。要么是有人用聪明的方式去做，它会很有趣，要么是他盲目地去做，它就会很无趣了。”

Beauduin-Masson：“没有人控制时尚。每一个社会群体，作为其生活方式的一种职能，在大量的时尚产品中获取什么才是最适合的。事实上，有一群人（例如，俱乐部会员或体育运动员）会根据他们的生活方式（旧习惯或新习惯）把欲望强加于时尚，从而形成他们身份的象征（无论是无用的，比如厚底鞋，还是有用的，比如网球鞋）。

“黑色已经被一定数量的人所接受，它做出了自己的标记，并且只要这个群体把它看作身份的标志，它就一直是流行的。这就是所谓的‘时尚部落’的形成。时装设计师在不改变其含义的情况下，解释、利用和转移这些符号。

“我们不认为时尚与身份是对立的。时尚作为一种产品的创造力带有独创性或新概念，应该是多样性生产，从而为每一个感兴趣的人提供广泛的可能性，以便他或她能够表达个人身份。但是，时尚影响力，不再真正与产品本身联系在一起，而是与一般形象联系在一起，在强加的营销活动中，倾向于加强一个身份而不是个体，但对于一群个体，可能是一个最大的群体，而形成的广泛共识。这些观点结合在一起，并不一定会相互抵消：消费者玩着属于群体 / 共识的符号，以及把他们描绘成独特的个体的个人化符号。”

Walter Van Beirendonck, W.&L.T., 1997/1998 秋冬，“阿凡达”，摄影：罗纳德·斯图普斯
对页图 _Walter Van Beirendonck, W.&L.T., 1995/1996 秋冬，“天堂娱乐出品”，摄影：克里斯·鲁格

安·范韦斯梅尔为 Stef 模特经纪公司拍摄

沙维尔·德尔科尔:“从其存在的社会意义来说，时尚一直都是一种手段，用来表达身份，表达归属感。某种角度而言，时尚现象更像一种文化现象。

“比利时的学校以某种方式改变了媒体，媒体公开地寻求一种能更精准地定义身份的风格。准确一点来说就是，媒体一季接着一季地寻找，力图用服饰完整地表达身份。”

伊曼纽尔·劳伦特:“我认为时尚是一种回应，它必须完美契合新型社会行为的需要。但是谈到创造新的潮流，我觉得没人有此能力。也许时装对潮流起到了一定作用，但是与其说它影响潮流不如说它利用潮流。”

简·韦尔瓦尔特:“愿上帝保佑那些时尚受害者。”

英格丽德·范德维勒:“有些人用名牌来表达自我与归属感，这真令人遗憾。那种时装创作出来的身份与他们自身实际情况完全不符。”

利夫·范甘普:“3000个天主教学校的孩子穿着一样的制服，单是想想这场景就觉得恐怖。而我对时尚的最早记忆正来源于此：尝试把我的个人风格添加到那些制服里，这是我对严苛规则的一种反叛。我的衬衫和袜子颜色通常是柔和的黄色或粉色，并且是配套的（校规要求它们必须都是白色）。我用来蒙混过关的解释是，我妈妈在洗衣服时不小心把它们染色了。我想要更个性化一点，所以我还会用安全别针将一些小木偶或者色彩缎带别在衣服上。”

维罗尼克·布兰奎尼奥:“我希望人们来买我的衣服是因为喜欢，而不是因为某本杂志上说‘这是本季最新潮流’。我觉得最重要的是：人们买衣服是因为穿着感觉好。

“让我厌烦的行为是：购物只看牌子，却不在意衣服是否合适自己，以及因为别人的期待而购物。”

Bé Sottiaux:“我既不想曲解别人的身份，也不想把自己的观念强加给他们。我想做的是：改善他们每天的生活环境，强化他们自己的身份认同。

“我不认为时装有能力去改变一个人的个性。时尚能帮助人们意识到自我的存在，方式是用人们能识别的形象以及让人们去面对这个形象。”

奥利维尔·泰斯肯斯:“时尚的危险性也许就在于它对身份的影响力太大了。影响身份是干涉自由，会陷入极端主义。但设计师几乎没有影响力，除非他从政，或者成为著名时尚杂志的主编，才能真正拥有改变他人身份的力量。”

杰西·布鲁斯:“时尚提供一种临时性身份，这是非常危险的，也是错误的。

“时尚和自由是相对立的。时尚将一些东西强加于人，这是自由的对立面。作为消费者，你唯一的选择就是品牌。你的着装方式确实能让别人了解你的个性。但事实上，有人即便穿了Martin Margiela，也不意味着这个人就是个离经叛道的反叛者。”

弗朗辛·帕龙:“幸运的是：时尚是多种多样的。时尚带给我们的是更多的自由。外人的关注有助于个人形象的加速确立…… 以至于同一个人可能有三到四个衣橱的服装。为了避免最糟糕的情况，有人用同一个形象应对不同场合（借此躲避他人的评论），这直接导致了个人形象的平淡乏味。”

尼尼特·穆克:“在我看来，时尚遵循身份，反之则不成立。当然，这取决于你在谈论谁，是潮流制造者，还是潮流追随者。用服饰表达自己这事儿没人能躲得过，比如很多行业有行业着装规范。这事儿真实存在，想想学校里那些十几岁的少年们，为了寻求归属感，他们都想和同龄人穿一样的衣服。我不知道服装设计师能介入多少。也许不行，因为有些人的个性很强。时尚是身份的表达，这事儿是当然的。

“时尚部落的确存在，他们来自街头，而非诞生在设计师工作室。至少对我而言，我从没听过这样的事儿：午夜时分的Suikerrui大街上，Dries Van Noten帮和Walter Van Beirendonck帮在火拼。

“也许，时尚要做的事儿就是阻止人们陷入固定模式（这也合乎逻辑，否则就不会有商品出售了），但是，这场战役在开战前就失败了。大多数的比利时人满足于一条‘很棒的’裤子、牛仔裤和运动裤，再来一条夏季的百慕大短裤。也许是海军蓝色、灰色或冒险一点的浅褐色与白色。比利时人的民族特性是一本正经的。如果比利时的时尚设计师只能依靠比利时市场，那么等待他们的就是炸鱼薯条摊，或许开个音像店。

“对大多数的比利时人来说，自由是没有希望的，并且是可怕的！在这里，你几乎遇不到强调个性的衣着方式，除非对方是年轻人，而他们又穿得一样。”

索尼亚·诺尔:“我认为，人们选择独立设计师的服装是因为他们不想和别人一样。时装和室内设计都是表达自己身份的主要方式。”

吉尔特·布鲁洛:“我认为，时尚能创造出身份。”

栗野宏文:“以时尚为生的人是有些受虐狂倾向的，随时准备为不同类型的时尚风格摆姿势拗造型。我们行为奇怪，却自以为时尚。这种态度过去是社会等级的表现。现在，当代时尚界依然有规则，虽然无形，却和过去也没什么不同。而且，即便没有规则，人们也是会很乐意制造出来的。”

安·范韦斯梅尔为 Stef 模特经纪公司拍摄

"优雅就是拒绝"。黛安娜·弗里兰

Walter Van Beirendonck, W.&L.T., 1995/1996 秋冬, "天堂娱乐出品", 摄影: 克里斯·鲁格

维姆·尼尔斯
(WIM NEELS)

1998 春夏，摄影：罗纳德·斯图普斯

1994/1995 秋冬，摄影：罗纳德·斯图普斯

1993/1994 秋冬，摄影：罗纳德·斯图普斯

1988 年，极具剪裁天赋的维姆·尼尔斯毕业于安特卫普皇家艺术学院时尚系，随后他在沃尔特·范贝伦东克手下做了 5 年助理，并于 1991 年入围当年的金纺锤大奖赛决赛。

1991 年 3 月，他推出自己的首个女装系列，1996 年推出首个男装系列。

在衣橱内的基本款式设计方面，维姆·尼尔斯的状态绝佳。他设计的西装、外套、衬衫、裤子，乃至裙子和针织品类，是无论男女都会需要的单品。

他的剪裁非常出色，这让他的作品不同于常见基本款。他的作品简洁却不单调。他的时尚风格不招摇，却蕴含着让人无法忽视力量。

无论男装还是女装的设计，都贯彻了他的座右铭“过去　现在　未来”。

在制作衣服时，新的或旧的技术都会被应用。旧式材料经过他的处理方式之后，展现出摩登风范。同时，他也会使用新材料结合过去的制版技术。同样的，在造型时，他也会把男装风格融入女装之中。

男装与女装系列的互换性既与使用的材料有关，也与造型方式有关。两个系列通常使用相同的材料，比如粗羊毛与柔软的真丝。两个系列的设计也相同。至于服装的男性化或女性化，则是由穿着者自行决定。所以，男装与女装彼此容易组合搭配。设计师用同样的方式看待男装与女装，也用同样的方式制作它们。

对一件维姆·尼尔斯设计的上衣而言，快速辨别它的方式是查看衣服上缝制的领标，领标上显示的不是品牌名，而是实事求是地标注着这件衣服的款式功能：女士束腰上衣、厚呢子上衣、风衣。

雌雄同体（性别）

"在我们之间的性别混乱中，成为自己的性别几乎是很惊人的（《爱弥儿》）。"

Jean Baudrillard, *Cool Memories*, Galilée, Paris, 1987, p.51

德克·比肯伯格："中性化有什么明显的表象吗？我的设计没有特别区分男装或女装……"

沙维尔·德尔科尔："我认为反抗是我的一部分，不必沉迷其中去多想。我认为男性 / 女性的双重性制造了时尚和使之现代化，而中性化是更自然的，创造的形象。"

伊曼纽尔·劳伦特："跨越区分男女属性的界线是你在时尚界能做的最令人兴奋的事。"

德赖斯·范诺顿："中性化与社会规范有很大关系。很明显的是，男子气概更常被转移到女性化方面，反之亦然。但这确实存在于我的设计系列中。"

简·韦尔瓦尔特："中性化是未来……"

英格丽德·范德维勒："我喜欢在我的女装系列中强调男子气概。一方面，在形式和剪裁上这是相当男性化的；另一方面，通过完成处理和设计本身。你可以在细节中找到更女性化的感觉，有时这会非常令人惊讶和发人深省——它们强调女性的形体。我非常喜欢这种在一个和相同的廓形中的对比。"

利夫·范甘普："我的男装系列源自女装系列。"

维姆·尼尔斯："同样的材料经常会被用于我的两个系列（男装和女装），范围从毛料之类的粗织物到真丝之类的柔软材料。我想找到可以同时在男装和女装系列里使用的布料，寻找这种特殊的布料往往是我工作的出发点，合适的面料很少有，即使有这种材料也会与所谓的'男子气概'或'女性气质'有区别。方法几乎是相同的。同样的原则也适用于我所有的设计。当我开始设计男装或女装系列时，会经常重复出现同一些模特。我对一件衣服决定了一个人的性别这样的事不太感兴趣。这取决于人，在他们穿上我的设计后决定了他们应该更男性化或女性化。这个前提一直是我工作的一部分，因此在很大程度上定义了我的客户群。这经常会被误解，人们怀疑我同时设计男装和女装系列的能力。"

维罗尼克·布兰奎尼奥："我当然不想把女人变成男人。事实上，我试图强调女性气质，没有诉诸陈词滥调——没有低领口、迷你裙或收紧的腰围。"

马丁·范马森霍夫："穿着者决定衣服的性别。"

栗野宏文："在 20 世纪 90 年代，男性和女性的性别关系似乎越来越近了。可能与我们高度电脑化的世界有关联。电脑没有性别或年龄，也不属于一类种族。专业化的交通和通信开辟了新的领域维度。在我们的个人电脑世界里，性的界限越来越少。"

杰西·布鲁斯："在 80 年代，女性的衣服变得更男性化了，"权力套装"出现在 90 年代，男性的衣服变得更女性化了。或者更确切地说：男人的时尚。这在时尚杂志上非常明显，在时尚杂志中，男性模特比过去更'具象化'。男性模特的男子气概明显比以前少了。他们现在似乎已经做好了化妆的准备，设计师们对男士裙子的梦想也不会消失。实际上我一周内看到过两次这样的设计。"

吉莱恩·努伊特顿："自 20 世纪初以来，现代女装是男性衣橱中不断涌现出的元素。相反的情况刚刚开始。但这一演变过程非常缓慢。"

艾格尼丝·古瓦茨："不分男女的（Unisex）服装是从 60 年代到 70 年代的一个术语。从那以后就没有指代过某事某物。然而，男装和女装之间存在着'交叉受精'。在 90 年代，你主要看到它出现在更为流畅、结构较不明显的男性服装中（在女装的影响下），在这种服装中，人们会有更多的想象力（参见 Comme des Garçons 衣服的褶边）。女装正受到运动风潮（拉链衫、风衣、连帽卫衣）的影响，其中许多款式可以追溯到男装领域。"

丽莲·克雷姆斯："在 90 年代早期，中性化的模特多出现在秀场和封面上。中性的（更特别的，瘦的）正在时兴。女孩效仿男孩，反之亦然。这极大地改变了时尚。男装和女装的款式越来越接近了。目前，女性有再次成为女性的倾向，她们有着各种性感的体形和曲线。女性时尚正变得越来越女性化，并再次与典型的男装区分开来。中性化总是令我着迷。然而，我很高兴女性能够（也敢于）再次成为女性，因此男性更具男子气概。这取决于个人。这对我来说是很好的。否则，会变得很混乱！"

沃尔特·范贝伦东克：“有一段时间，我不在意性别这事儿。我认为那不过是个教育范畴的问题，关乎特定的行为模式。把性别当游戏很有意思，能找出界限在哪里，但当我工作时，我从没有想过自己是在为男人还是为女人设计。这与易装癖无关，我相信男女是平等的。”

安·惠本斯：“当一个男人穿着精致裙装时，我会觉得他非常性感撩人。我的假设前提是：男人有权利穿裙子，他们的身体能感受到精致面料的美好。在我看来，在行为举止方面，男人的自由度比女人低。

左上图 _Walter Van Beirendonck, W.&L.T., 1997 春夏，“欢迎小陌生人”，摄影：罗纳德·斯图普斯
右上图 _Ann Huybens, 1998 春夏，¿People?，摄影：利夫·布兰奎特
左下图 _Ann Demeulemeester, 1995/1996 秋冬
右下图 _Ann Demeulemeester, 1999 春夏，摄影：克里斯·摩尔

Ann Huybens，1998 春夏，¿People?，摄影：利夫·布兰奎特

“是谁命令性别不同，而不是像季节一样交替，或日复一日地相互跟随？”

Jean Baudrillard, *Cool Memories*, Galilée, Paris, 1987, p.51

Raf Simons, 1998/1999 秋冬，摄影：伯特·霍布雷希茨

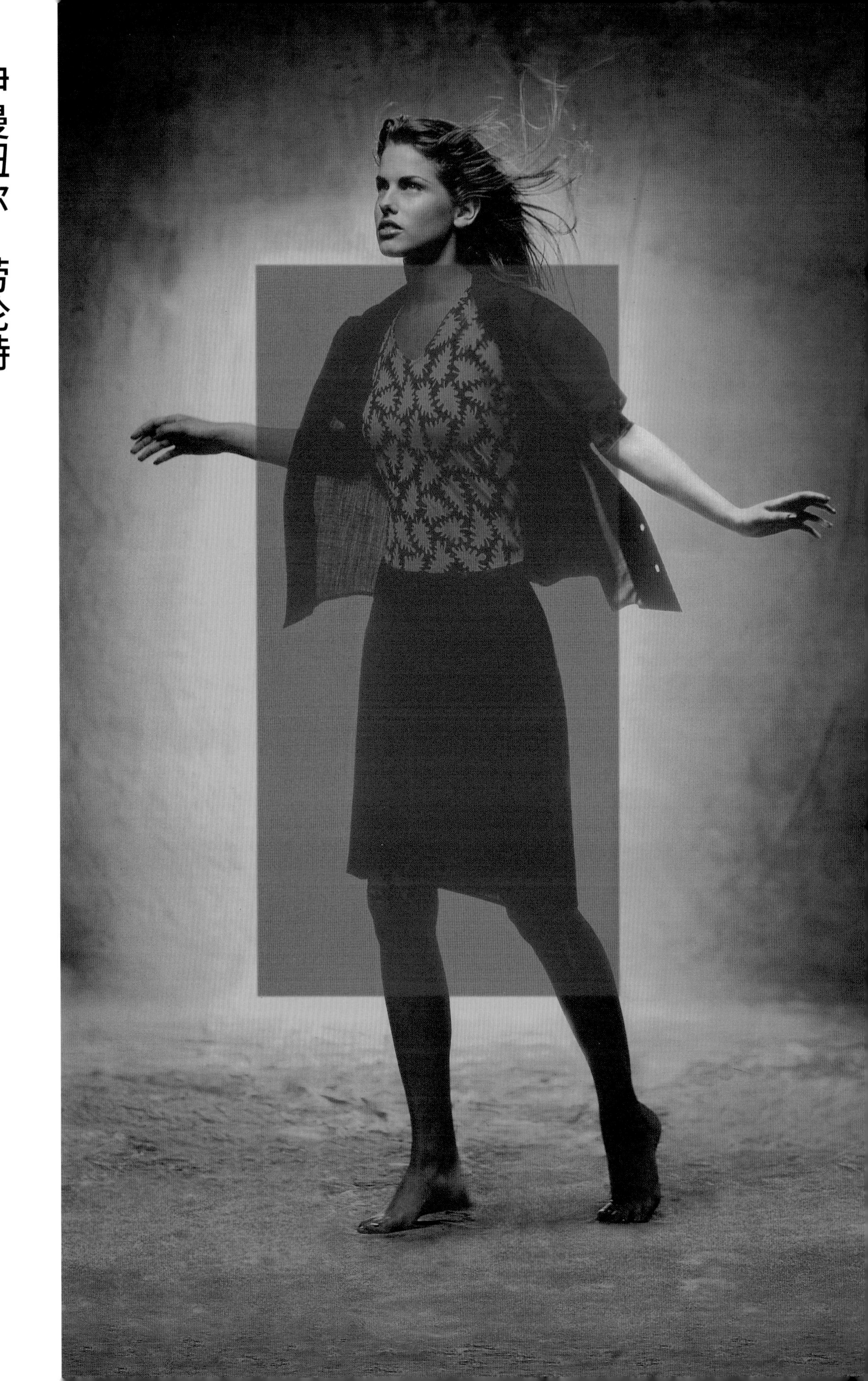

伊曼纽尔·劳伦特
(EMMANUEL LAURENT)

手绘 _ 伊曼纽尔·劳伦特
对页摄影 _ 罗杰·迪克曼

伊曼纽尔·劳伦特 1993 年毕业于布鲁塞尔的坎布雷国立视觉艺术高等学院的服装设计专业。从那时起，他就赢得了许多奖项，是约翰·加利亚诺实习期的伙伴，之后为几个比利时品牌工作。

1994 年，他用自己的名字命名发布了个人的女装成衣系列。1998 年他开始全心于自己的男装成衣线。但这些衣服没有在欧洲出售。

他在“传统”的服装上应用的边线令服装廓形变得更加精致，就像中国的皮影。他理想中的男性主义优雅是来自雨果·布拉特（译者注：Hugo Pratt，意大利漫画家）所创作的漫画书中柯尔多·马尔特斯（Corto Maltese）的人物性格。他的设计带有抒情风格，是浪漫主义的剪影，消失的细节以利于整体，带有理想的酷，永恒的花花公子，脱去一切历史性特征。

米里亚姆·伍尔法尔特（MYRIAM WULFFAERT）

1996 年，米里亚姆·伍尔法尔特发布了个人的女装系列。

她的设计可以说是相对经典的，具有自然的现代感特征。她的典型风格是简洁明了。简单的干预确保一个独立的廓形：西服裤子的一侧配有一条裙子的设计，一件 T 恤领口上是传统衬衫领口的设计，或一件套头衫的衣领是双层连帽设计。

她朴素的设计语言意味着剪裁、修整处理和材料都是非常重要的。这些衣服流露出不受任何影响的舒适感。

1998/1999 秋冬，摄影：埃尔克·博恩（Elke Boon）
对页图_1999 春夏，摄影：克里斯·德维特（Chris Dewitt）

(BÉ SOTTIAUX)

伯特兰·索蒂奥（Bertrand Sottiaux），1993年毕业于坎布雷国立视觉艺术高等学院，1997年1月首次在巴黎男装展（SEHM）上展出了他的男装系列Bé Sottiaux。Bé Sottiaux为针织品系列，由机织针织制成，色彩鲜艳，图案丰富，适合年轻人。该系列融合了城市服装和运动风格。

他的1999年夏季系列名为“沙滩上看着我微笑的女孩”，这个系列开启了一个短篇故事。创作灵感来自强烈而短暂的夏日恋情，设计剪裁明显，色彩鲜艳，图案夸张。1999年的冬装系列是基于对夏日恋情的怀念，设计同样强烈，但感觉令人心碎，久久不能忘怀。在“我梦想的女孩”系列里，我们发现他采用了更冷静的剪裁，更稳重的颜色和图案。故事以“炎热的夏天”结尾。在2000年的夏装系列中，他延续应用了一年前的性感，印花，并将其精髓升华。天空灰暗的冬天结束后，太阳出来了，色彩也如影随形。夏装系列的颜色和图案更加热烈，剪裁更加自由。一切都是基于浪漫的夏日爱情，激烈、湿热而又转瞬即逝……

1998春夏，摄影：彼得·德穆德（Peter De Mulder）

对页图_1998春夏，摄影：吉奥瓦尼·吉安诺尼（Giovanni Giannoni）

BÉ SOTTIAUX

Le nuove generazioni di fotografi scelgono di raccontarsi tramite immagini mosse e sfocate dai tagli netti e inusuali.

New-generation photographers communicate through out of focus, blurred images caused by original, clear cuts.

伊娃·拉克斯(EVA LACRES)

本页图_1999/2000秋冬，摄影：约斯特·约森（Joost Joossen）

对页左图从上至下
1999春夏，风格样式——弹性，面料——表面光泽，颜色——不锈钢，摄影：菲利普·马西斯
1999春夏，风格样式——箍筋结构（Strack），面料——花式条纹，颜色——铝
1999春夏，Kodak风格——闪亮透明织物——彩色汽油

对页右图_1997年充满活力的夏季色彩。摄影：菲利普·马西斯（Philippe Matthys）

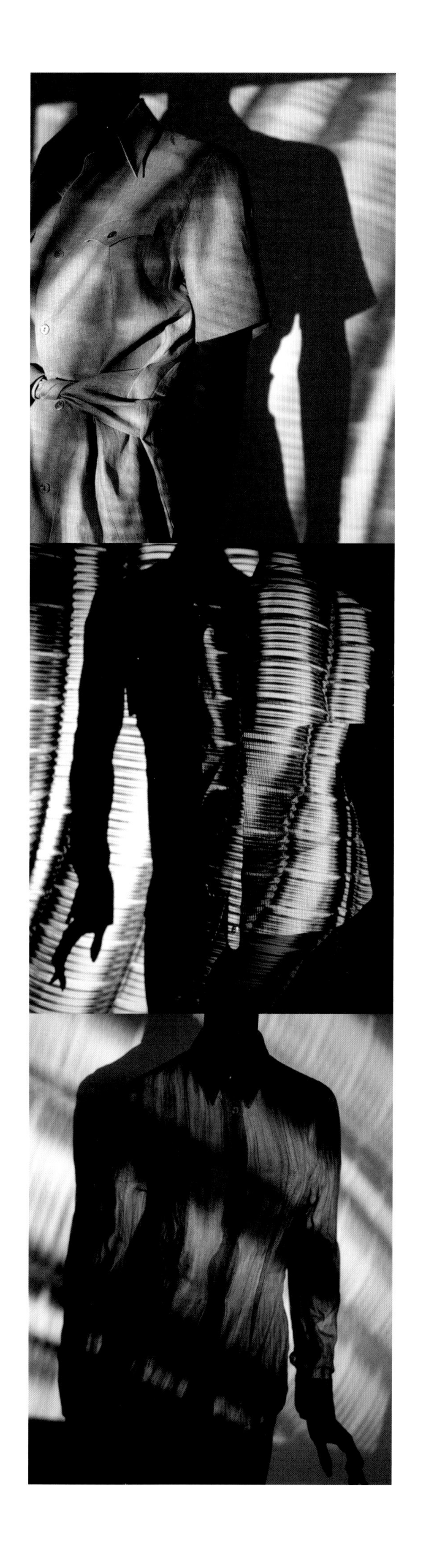

"……我为一个希望与众不同的人设计。他不是时尚的受害者，而是真心喜欢精致的面料和简单的细节，比如恰到好处的纽扣。"莱尼·坎普斯（Leny Kemps）在"Het hemd als grens"中引用了伊娃·拉克斯的话，1997 年 9 月 *Weekend Knack*。

过去和未来、工艺和技术、女性和男性、混合和单一、虚拟和不透明、闪光和扩散、巧妙和简单、结构和朴素、纯粹和复杂。

真实、流畅和平坦、开放和封闭、身体和灵魂、可见和隐藏、透明和涂层、明亮和无光泽、对比和渐变、合成和自然、永久移动。

1994 年，曾在安特卫普时装学院就读的学生伊娃·拉克斯带着她的男士衬衫系列首次亮相。

从那以后，她深入研究男士衬衫设计。一直等到 1998 年才开始设计女式衬衫。她以优雅巧妙的设计、舒适的剪裁和顶级的材料，以及对质量和细节的关注而闻名。她的设计是非传统的、时尚的、时髦的、现代的，但也是经典的。裁剪和材料在她的设计中占主导地位，她更喜欢采用克制的颜色并且不使用图案。她通过结构化的织物来获得微妙的色调，如罗纹和凹凸织物；或者通过使用发光材料、结合亚光和有光织物来达到同样的效果。有趣的细节随处可见，空白部位也不再单调。为了呈现完美的整体效果，衬衫都装在华丽的盒子里。

伊娃·拉克斯承诺在 1999/2000 冬季系列中设计更多时装。

配饰（可拆卸）

艾格尼丝·古瓦茨："对我来说，配饰几乎是时装系列的核心，只有一个例外：鞋子。模特（以及后来穿那些衣服的人）如何走路、站立和移动，更多的是与鞋子有关，而不是与衣服有关。安特卫普皇家艺术学院时尚系毕业的设计师们不是常被称为'穿着厚重鞋子的人'吗？"

Dries Van Noten, 1994/1995 秋冬，摄影：罗纳德·斯图普斯

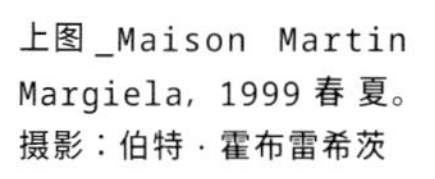

上图 _Maison Martin Margiela，1999 春夏。摄影：伯特 · 霍布雷希茨

左下图 _A.F.Vandevorst，1998/1999 秋冬。摄影：米歇尔 · 范登 · 艾克霍特（Michel Vanden Eeckhoudt）

右下图 _Dries Van Noten，1994/1995 秋冬。摄影：罗纳德 · 斯图普斯

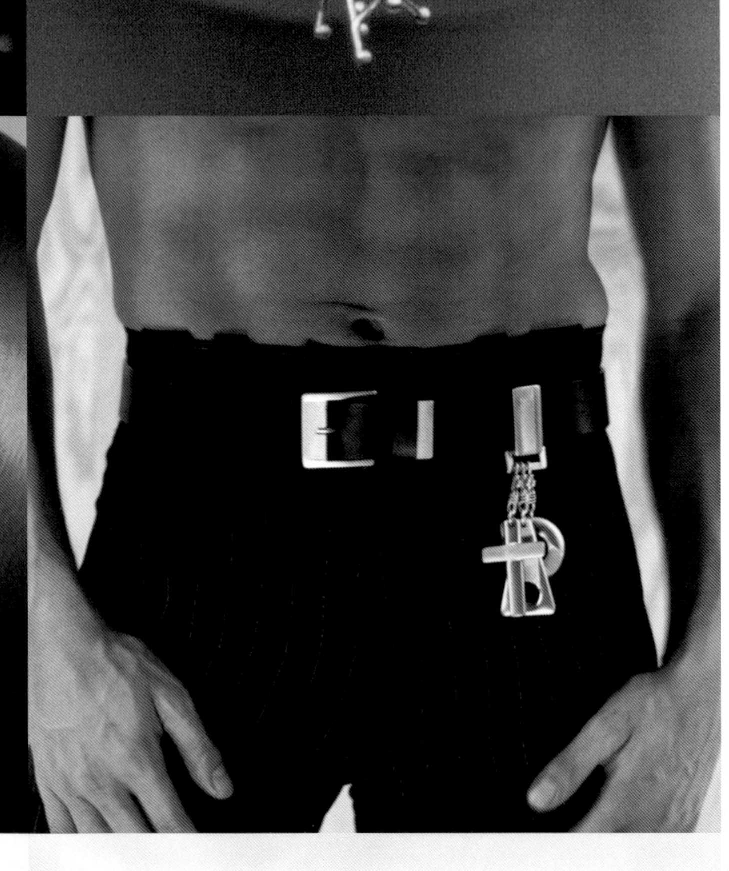

左上图 _
Ann Demeulemeester, 1992/1993 秋冬，摄影：马琳·丹尼尔斯
右上图 _Ann Huybens, "金色耳环"，摄影：希尔德·韦普朗克
中左图 _Martin Van Massenhove, 1999/2000 秋冬
中右图 _ 恋物癖符号：爱、宗教与成瘾摄影：卢卡·维拉姆
下图 _Dirk Bikkembergs, 1994 春夏，摄影：马里奥·泰斯蒂诺

对页
上图 _Dries Van Noten, 1998/1999 秋冬。摄影：奥拉夫·威帕罗斯.
左上图 _Dries Van Noten 1999 春夏，图片提供：Dries Van Noten
右上图 _Dries Van Noten, 1996 春夏，摄影：马琳·丹尼尔斯

安·惠本斯:“对我来说，配饰是整体的一部分。我觉得配饰的设计最难实现。它们本身就是一件工艺品。”

伊曼纽尔·劳伦特:“配饰让时装变得完整，起到画龙点睛的效果，精确地传达你想表达的信息。不过衣服本身也可以加以设计，也可以是一件配饰。”

米沙尔·格拉:“有时候，配饰是人们开始思量一件衣服的出发点。我喜欢这样的想法，配饰本身就是一件衣服，就像部落戴的头饰一样。配饰让人们接触服装生产中常用材料之外的材料。”

安尼米·维尔贝克:“只要我认为有必要，我就会做一条腰带，而不是纯粹为了娱乐。”

德赖斯·范诺顿:“配饰赋予服装色调，甚至可以增加用途。试想一件有腰带或没有腰带的连衣裙；举个例子，配上腰带，它就可以变成外套。此外，配饰定义了服装——试想同一件衣服，配上休闲鞋或者高跟鞋会多么不同。"

安·迪穆拉米斯特:“任何东西都可以是配饰！只要有需要，我就会用配饰。可以是视觉需要、美学需要或功能需要，看情况而定。但是我从来没有把配饰看作是“装饰品”，配饰总是有目的的。它可以增强某种感觉，或者增加某种触感，或者完成一种意境……从这个意义上说，我们很可能故意选择不使用配饰。它们不是你必须拥有的东西，但如果你拥有它们，就是刻意选择的结果。不过我总是有鞋子，只是因为你不能光着脚到处走！”

杰西·布鲁斯:“精心挑选的配饰使一切都不同。你可以穿任何喜欢的衣服，搭配合适的配饰来确定基调。配饰越来越重要。从 LV 到 Prada 再到 Gucci，20 世纪 90 年代最著名的品牌都开始生产手袋，这绝非巧合。”

彼得·飞利浦（Peter Philips）:“配饰绝不是次要的时尚，它们可以增强甚至塑造时装风格。试想一下 Walter Van Beirendonck的头饰，Ann Demeulemeester的羽毛珠宝，Martin Margiela 的发带……这些配饰补充了时装系列，它们通常比衣服本身更不容易过时，因为它们“只是”配饰。
“你也可以把化妆视为配饰；80 年代后期红唇无处不在；如果没有口红（当然是对于女士而言），Comme des Garçons 或 Yamamoto 的服装就不完整。”

Beauduin-Masson

左上图_1999 春夏“针织吊带袜”
右上图_1999 春夏“系扣袜”
左下图_1999 春夏“魔术贴袜”
右下图_“编织脑髓帽”
摄影：利丝·杜克劳斯（Lise Duclaux）& 奥利维尔·巴雷特（Olivier Barréat）

安妮·马森（Anne Masson）和埃里克·博杜因（Eric Beauduin）都毕业于布鲁塞尔坎布雷国立视觉艺术高等学院时尚系，他们于 1993 年开始合作。他们从一开始就相辅相成。埃里克·博杜因痴迷于形式和形状，还记得他们著名的 S 裤吗？而安妮对材料和针织品表现出热爱。1994 年，他们在 1995 春夏发布会推出了第一个 Beauduin-Masson 系列。随后他们继续这样做，直到 1998/1999 秋冬系列，他们决定把重点放在富有冒险精神的当代配饰上。

Beauduin-Masson：“配饰的有趣之处在于，它凝聚了很多东西：概念、功能、幽默、讽刺、诗歌，都聚集在一个或多或少有用的小物件里，这个物件或多或少有些磨损。举个更复杂、更富有诗意的例子，Margiela 的童装项链十分吸引人，甚至可以搭配跳蚤市场买回的裙子。”

萨斯卡亚·德克斯（SASKIA DEKKERS）

萨斯卡亚·德克斯还在安特卫普皇家艺术学院学习视觉艺术的时候就开始设计她的“例子”——这就是她的手袋系列。没有两个包是相同的，如果你追求的是矩形的经典例子，你就来错了地方。毛毡、假毛皮、皮革、人造草、珠子、假花、旧明信片……只要是她能获得的东西，都被组装成高度原创的独特物品。

摄影：马克·拉格兰格（Mark Lagrange）

EAU DE JAVEL

Eau De Javel 由萨斯卡亚 · 范韦塞梅尔（Saskia Van Wesemael）和利斯贝思 · 德谢珀（Liesbeth De Schepper）合作创立。1994 年，他们同是安特卫普皇家艺术学院的学生。他们在第一个联合项目中为安特卫普时装设计师德赖斯 · 范诺顿设计并制作了一个系列。这个系列的巨大成功带来了 Eau De Javel——一系列手工制作的珠宝，也可以制作成更大的版本。

Eau De Javel 系列的珠宝是装饰品，本身也是一件物品。寻找新形式很重要，但是与材料的接触、潜在的整体概念和氛围的创造永远都不会被忽视。他们的珠宝是当代的，可穿戴且易于使用。

图片提供：Eau de Javel

帕特里克 · 霍特 (PATRICK HOET)

他的三个系列“Theo（西奥）”“Eye-Witness（目击者）”和“Satisfashion（尽显时尚）”体现了帕特里克·霍特对眼镜的看法。他的“Theo”系列中的“梁”形镜框征服了世界，许多时髦人士都争相佩戴。他的“Eye-Witness”系列可能看起来不那么引人注目，但请注意它的诱人细节——眼镜的框架结构像是手绘线条一样生动有趣。“Satisfashion”是霍特的设计系列中的太阳镜系列。

帕特里克 · 霍特也因其室内设计和家具设计而闻名。只要看一下小册子 *Satisfashion*（由根特的 Imschoot 出版），就会明白帕特里克 · 霍特的设计远非字面意思。

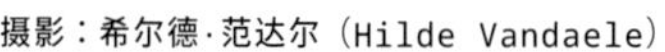

摄影：希尔德·范达尔（Hilde Vandaele）

A WARD/T

1997 年，维斯 · 德赫德（Wies Deherdt）和埃尔斯 · 范登伯根（Els Van den Berghen）完成了在品牌 Christopher Coppens 的实习培训后，创立了母女合作品牌 A WARD/T。她们的帽子系列在巴黎顶级沙龙上展出。

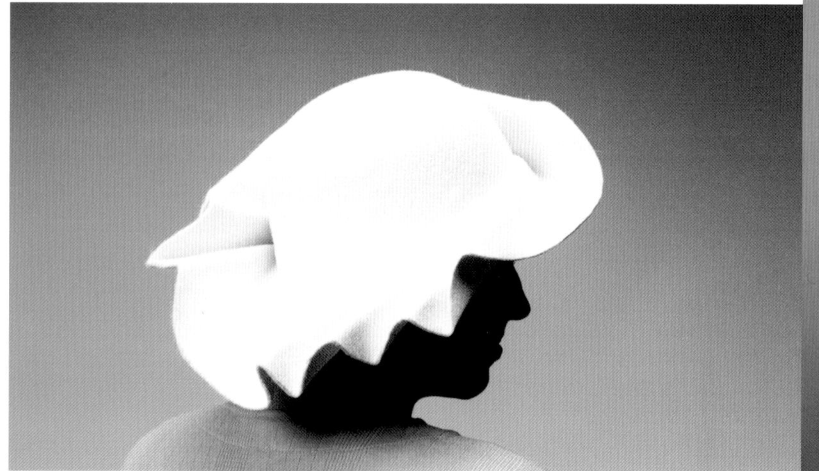

摄影：埃迪 · 弗莱尔

尼科 · 德莱德（NICO DELAIDE）

自 1984 年以来，尼科 · 德莱德凭借独特的设计一次又一次令客户和同事惊讶不已。在安特卫普钻石中心的工作室里，他证明了传统工艺有助于创造惊人的珠宝和配饰。一直以来他最喜欢的金属是银，他在银中镶嵌了钻石、红宝石、蓝宝石和祖母绿等经典宝石。

因此 Jedifa 珠宝奖的评审团很难忽视他的设计，他在 1996 年和 1997 年均获得了一等奖。

弗朗辛 · 帕龙：“配饰绝不是‘附件’。它本身就是一件物品。物品本身就是一个故事……这是 T 恤永远无法拥有的力量。配饰有它自己的标识，它可以是一件独特的东西……它是一个象征。”

摄影：比约恩 · 塔格莫斯

克里斯塔·雷尼尔
(CHRISTA RENIERS)

尽管克里斯塔·雷尼尔没有接受过正式的金匠培训，但她在 1992 年开始创作自己的纯银和 18K 金首饰。她的作品在几个欧洲国家、美国和远东地区都有销售，主要集中在顶级零售和百货商店中。

克里斯塔·雷尼尔完全控制戒指、耳环、项链、手镯和装饰物品等作品创作的每个阶段。设计、生产和分销都由她在布鲁塞尔的陈列室和工作室进行管理。

摄影：汉斯·沃斯（Hans Vos）

纳丁·韦恩特
(NADINE WYNANTS)

纳丁·韦恩特在安特卫普皇家艺术学院学习珠宝设计，同时做贵重金属加工的工作。她还在安特卫普的国家高等艺术学院钻研艺术，并圆满完成了学业。

1992 年，她开始设计自己的系列，并开设了自己的商店。在国际市场上销售了一段时间后，她决定恢复小规模经营，并将销售范围限制在比利时。在银器和镀金器的永久系列之外，她还纯手工制作了坚韧的劳动密集型的金银制品。然而，这并不意味着她的“商业”系列仅仅包含极其精致的量身定做作品。

她为女性，甚至为男性制作的珠宝，以其多功能性和将不同风格和材料完美结合而著称。她使用计算机控制雕刻技术来制作可穿戴的珠宝首饰，其中许多模型在制作多年后仍在生产中。

摄影：弗兰基·克莱斯（Franky Claeys）

埃尔维斯·庞皮利奥
(ELVIS POMPILIO)

埃尔维斯·庞皮利奥学习艺术后，做了几年宣传工作。闲暇时，他设计帽子，很快就引起了公众的注意。1987 年，他决定跟随这种热情，在布鲁塞尔大广场附近开了一个陈列室兼工作室。他为几家比利时时装公司和其他时装公司（Dior、Valentino）以及个人设计帽子。1990 年，他开了第一家商店（起初在布鲁塞尔，然后在安特卫普），并开始在国际上展示他的设计。他的设计立即被认为是时装行业的胜利者。1992 年，他与 Thierry Mugler 合作开发后者的高级时装系列。一年后，他的帽子系列扩展到箱包、雨伞和眼镜，他与 Louis Feraud 联手为高级时装系列设计了帽子。

埃尔维斯·庞皮利奥目前在布鲁塞尔（两家）、安特卫普、巴黎和伦敦都有商店，并且售往世界各地。他还为 Dirk Bikkembergs 和 Ann Demeulemeester 的系列和时装秀设计配饰。

他成功的秘诀？不可否认的天赋加上出色的创造力、友好、敏感和大量的努力！

"我不想主宰时尚：我的设计必须自发的，保持自然。"

我眼中，帽子是一个眨眼，一个感叹号，最后的触摸。

摄影：埃里克·安蒂伦斯（Eric Anthierens）

摄影：马克·拉格兰格

摄影：皮埃尔·德尼尔（Pierre Denille）

旅行、烦恼、音乐、艺术、亲吻、连衣裙、韵律，我从来没说过它们能让我的心得到满足，但它们还是消磨了我的时间。
多罗茜·帕克（译者注：Dorothy Parker，编剧、演员）

克里斯托夫·科彭斯爱好广泛。起初，他在剧院工作，并在布鲁塞尔皇家音乐学院学习。在此期间，他导演了大约五部作品。其中一部作品需要帽子，所以他从一位经验丰富的女帽制造商那里学习了制作帽子的课程。他痴迷于制帽，就更加深入到制帽行业。很快，他就完成了第一个系列，这引起了像卡特·提利这样的个人和媒体的关注。随后他在巴黎举办了一场秀。

随着时间的推移，他开始在世界各地销售他的系列设计，创新的材料、结构和颜色的使用成了他的商标。甚至著名的时装公司也邀请他进行设计。

科彭斯仍对帽子的制作感兴趣，但是随着时间的推移，他的注意力转移到了其他方向。例如，他的装饰风格受到了热烈欢迎。他总是聘请最优秀的工匠来完成这项工作。剧院的工作也没有放松。他仍不时出品作品（例如布鲁塞尔 K.V.S. 的《垂死美人鱼之家》），并经常被要求制作戏服。因为他同时忙于许多不同的事情，科彭斯发展了一种完全属于他自己的风格，其中一种活动不断丰富另一种活动，而不同活动之间的界限变得越来越模糊。他未来的活动范围很可能会更广。

克里斯托夫·科彭斯 (CHRISTOPHE COPPENS)

1999/2000 秋冬，摄影：劳伦特·莱基姆

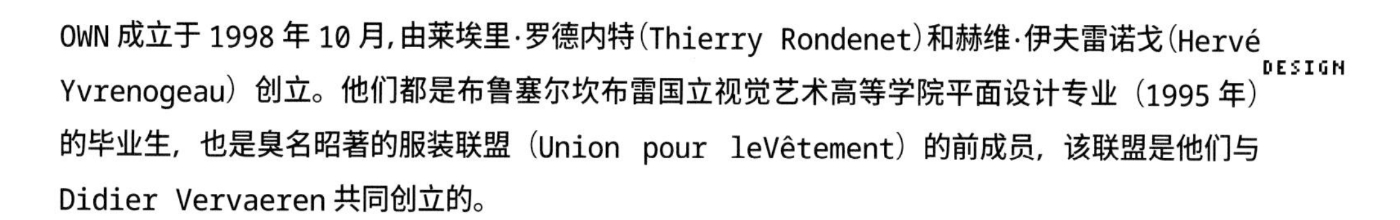

OWN 成立于 1998 年 10 月,由莱埃里·罗德内特(Thierry Rondenet)和赫维·伊夫雷诺戈(Hervé Yvrenogeau）创立。他们都是布鲁塞尔坎布雷国立视觉艺术高等学院平面设计专业（1995 年）的毕业生，也是臭名昭著的服装联盟（Union pour leVêtement）的前成员，该联盟是他们与 Didier Vervaeren 共同创立的。

他们的目标是开发时装、家具和平面设计项目。每一季，OWN 都会邀请设计师与他们一起展示自己的作品。

第一位受邀的设计师是前比利时品牌 Tony & Sandrine 的桑德琳 · 伦鲍克斯（Sandrine Rombaux)，她将展示针织设计系列。

1999 年 1 月，OWN 推出了他们的第一个男装系列，名为赢家通吃（Winner take it all)。传统观念认为，房子是区分室内和室外服装的一个决定参数。他们的设计重新强调了这种传统的划分方式，但也完全摒弃了这一概念。睡衣外面穿着摩托车夹克，尼龙睡衣作为雨衣来穿。这些颜色既正式又充满都市气息。没有预先计划好的极简主义或对基础的限制，他们的衣服设计简单，材料实用，裁剪舒适。

索菲·德胡尔（SOPHIE D'HOORE）

摄影：安德里亚·列侬（Andrea Lennon）

索菲·德胡尔曾经是一名具备资格的牙医，后来她的志向完全转向时尚行业。在根特的一所纺织学校接受培训并在安特卫普皇家艺术学院时尚系学习了两年后，她准备去一家或两家比利时商业品牌工作。她通过学习图案设计课程丰富了自己的材料知识。1991 年，她的第一个女装系列开始崭露头角。

她的强项在于她的裁剪以及对材料和颜色的选择。

德胡尔对服装结构非常感兴趣，她开始专注于制衣工艺，重新发现并改造了古典版型，打造了完全属于她自己的风格。她的模式清晰明了，逻辑清晰，始终追求灵活性。她在男女造型之间进行对比，例如塔夫绸的慢跑裤和厚重府绸的晚礼服。她会选用最漂亮的材料，如华丽的羊毛、棉料、羊绒和真丝。

为了实现她的设计，她要求一流的剪裁和精美的成品。“双面”等高级时装技术的使用使她的外套内外看起来都一样漂亮。

每一季她都会扩展基本色，以提供独特的色调。1999 年冬季是白色搭配黑色、灰色、米色和深蓝色，以及红色、紫红色和橙色。

她的系列组合巧妙。每个系列都是一个整体，包含背心、裤子、裙子、西装和外套。即使是相互搭配，看起来总像是设计好的一整套装扮。

德胡尔的设计有一种将奢华与舒适、城市服装与运动服相结合的现代感。她成功地证明了奢华可以非常简约，简约也可以非常奢华。

帕特里克·范欧梅斯勒格（PATRICK VAN OMMESLAEGHE）

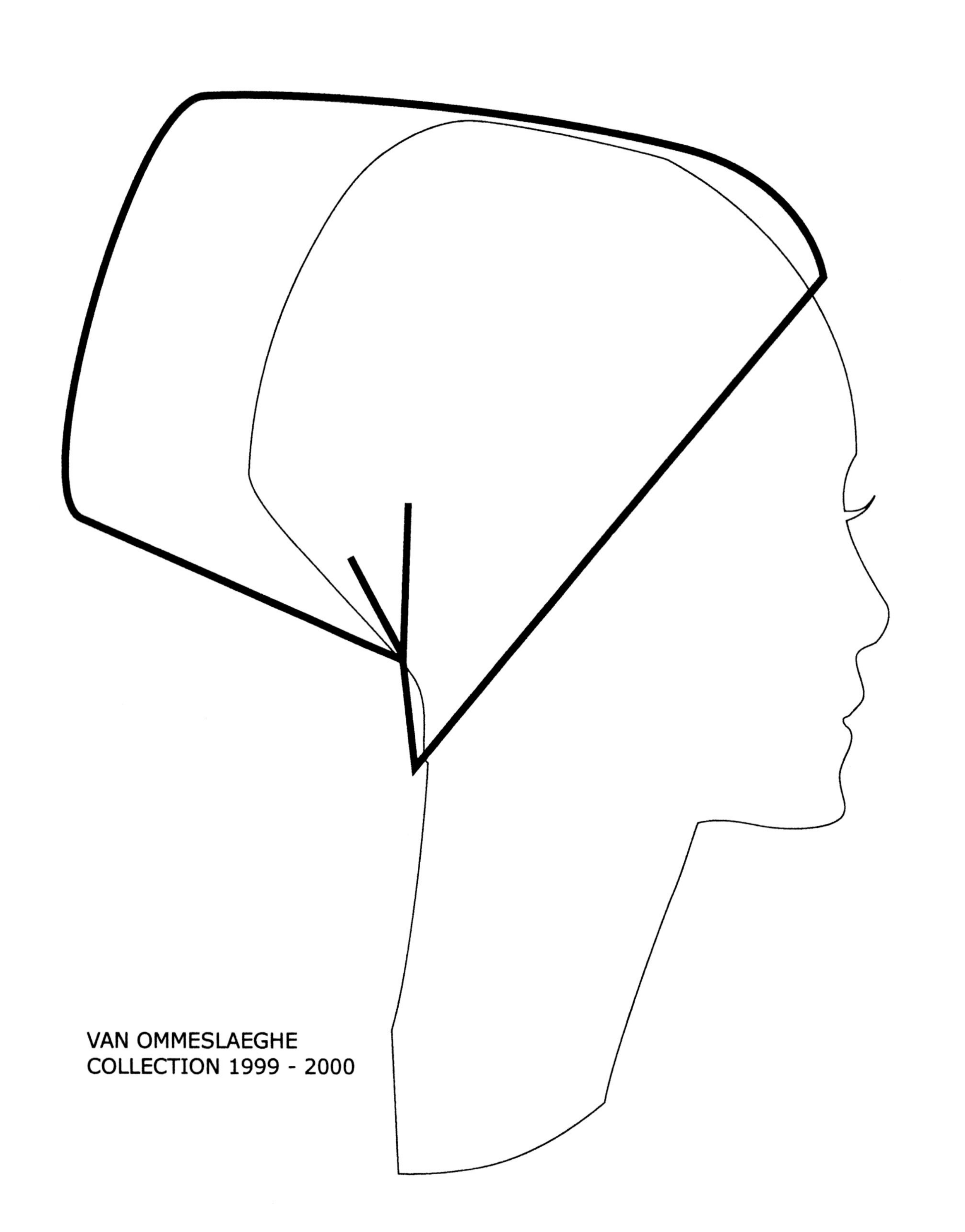

在医学院短暂工作后，帕特里克·范欧梅斯勒格得出结论，他更喜欢与活生生的人合作，而不是解剖尸体。

他曾就读于安特卫普皇家学院时尚系，并于 1990 年毕业。

1992 年至 1996 年间，他是约瑟夫·蒂米斯特在 Balenciaga 的第一助手，同时处理这家公司在国外的许可。

来到巴黎后，他决定留下来。他给让 - 保罗·高缇耶当了一年的助手，又做了两年 Adéline André 的得力助手。

1998 年，他回到 Balenciaga，在尼古拉·盖斯奇埃尔（Nicolas Ghesquiere）的指导下，主要处理对日本的许可。

然后，1999 年，他推出了自己的系列，名为 Van Ommeslaeghe。1999 年 3 月，他以尊严概念为基础，受佛兰芒原始绘画的启发，创作了 1999/2000 冬季的第一个女装系列。

该系列立即受到好评，设计师获得了文化部国家时装艺术发展协会（Andam）的认可，他被授予该协会颁发的 Andam 时尚大奖。

1999/2000 秋冬，摄影：罗纳德·斯图普斯

伯纳德·威廉 (BERNHARD WILLHELM)

1998 年，伯纳德·威廉从安特卫普皇家艺术学院毕业，他的毕业设计为《小红帽》。直到 1999 年，他在巴黎推出了 1999/2000 秋冬女装系列，这个童话故事才得以延续。伯纳德·威廉的灵感来自在德国巴伐利亚茂密的森林中度过的童年，他对民俗服装、布片拼接、针织和“周日最佳”服装有全新的诠释。他设计了看起来像花朵的上衣和着重强调肩膀的“重组”夹克。伯纳德·威廉用身体来研究裁剪和形式（有时是空气动力学），他喜欢展现有机结构的色彩和美感，从不陷入僵化的建筑结构。

1999/2000 秋冬，图片提供：
Bernhard Willhelm

Masion Martin Margiela，1989春夏，摄影：北山达也

"我们认为破坏与生产一样是自然系统的正常组成部分，因此我们把美丽这个词与之联系起来。"**霍雷肖·格雷诺（译者注：Horatio Greenhough，美国雕刻家）**

Beauduin-Masson："我们发现物体本身的诱惑力是特别有趣的。我们时装系列的产品，尤其是与过去、诗歌或一般视觉艺术相联系的都是在玩智力诱惑。我们认为，它们应该扮演着唤起人们记忆的角色——唤起我们自身和他人的经历。唤起的概念与诱惑的概念密切相关。"

弗朗辛·帕龙："一件衣服的诱惑，好吧……但衣服本身不是目的……它的目的不就是穿衣服的身体（你的身体）吗（自己和自己的关系）？不就是眼睛注视着他人吗？"

阿齐尼夫·阿夫萨："服装的另外两个作用（第一是保护作用）是装饰和体面。它们在诱惑中起着重要的作用。人类需要诱惑，因此在这一过程中，经常把衣服作为初步工具。"

丽莲·克雷姆斯："一切都始于渴望，止于渴望。如果色情和时尚的诱惑力消失得更彻底，那就太可惜了。"

杰西·布鲁斯："就我而言，强烈的购买欲望、贪婪和一定程度的势利吸引着我去追随、购买以及穿时尚的衣服。你也会欺骗自己：'我穿那条裤子会很漂亮，我终将做我自己。'"

英奇·格罗纳德和罗纳德·斯图普斯："服装吸引人的不仅是新鲜感，还有拥有感。对某些人来说，他们既有归属于某个群体的一面，也有害怕无归属的一面。"

简·韦尔瓦尔特："时尚就是性。我们只是看起来更漂亮了，我们说时尚是因为它更容易诱惑别人。"

维罗尼克·布兰奎尼奥："每六个月就会有新衣服。时尚是对变化和时代做出最快反应的一种形式。这是一种表达自己的方式，也是一种每个人都很容易接受的方式。它是其他人会立刻注意到引起快速反应、逆反应……的事物。"

奥利维尔·泰斯肯斯："新鲜感唤起了欲望。因为这是人们所没有的，也是因为我们处于一个物欲横流的社会。但并不一定要进行革命，否则每隔半年就得进行一次革命。时尚不是这样的。"

德克·比肯伯格："公平地说，我们必须承认，没有人还'需要'衣服。人们去商店和服装建立关系，或更具体地说，和设计师建立关系。现在服装的诱惑力主要在于设计师的人格魅力。"

尼尼特·穆克："如今，许多人被某些品牌能负担得起的广告宣传所诱惑。我认为那些有广告预算的人对刊登品牌广告的时尚杂志（如 *Vogue*、*Harper's Bazaar*、*Elle*，还有 *i-D*、*Frank* 和 *Dutch* 等）的编辑有很大的影响。他们也出现在特写中，衣服被用来拍摄。当你意识到比利时的设计师没有到处做广告时，你必须承认他们的设计很有实力，而且他们完全是从最基础开始脚踏实地地做设计。"

"时尚杂志选择这些图像更多的是因为它们作为图像的诱惑性（说明了建筑动画的色情性），而不是因为它们相对中性的表现能力。"

Val K. Warke，"'In' Architecture. Observing the mechanisms of fashion", *Architecture: In Fashion*, Princeton Architectural Press, New York, 1994, p.139

"Margiela 的 20 名员工大多在工作时都穿着白色的实验室外套，这使得类似邪教的氛围更浓厚了，这种穿法借鉴了传统的时装工作室，而且那里有个长相严肃的年轻人正在把油漆涂到像死蝴蝶一样钉在木板上的旧牛仔裤上，这种穿法对这件事特别管用。"

丽贝卡·米德（Rebecca Mead），《疯狂的教授》（*The crazy Professor*），《纽约客》，1998 年 3 月 30 日。

诱惑（目标）

马丁·马吉拉（MARTIN MARGIELA）

上图 _“香烟（Cigarette）”肩夹克是Maison Martin Margiela 1989春夏系列第一个设计，并出现在接下来的12个时装系列中，这种肩部设计已成为马丁·马吉拉的标志。摄影：罗纳德·斯图普斯

左下图 _1991/1992 秋冬，用军袜制成的毛衣。摄影：北山达也

右下图 _1989年春夏以来的每一个系列的靴子都是根据日本木屐袜（Tabi）设计的。绘有涂鸦的靴子是Maison Martin Margiela在1991年巴黎时尚博物馆加列拉宫举办的时装展“设计师眼中的世界（The World according to its Designers）”中的一部分，在展览期间，靴子最初被涂成白色，并在其表面上装饰和覆盖了涂鸦内容。摄影：北山达也

1995 年 10 月

在巴黎塞纳河左岸的互助之家（La Maison de la Mutualité），44 名妇女穿着系列时装走过 4 张 22 米长的餐桌，桌上摆着几瓶红酒和几只白色塑料杯，受邀的市民可以自便。这个时装秀有两部分。第一部分妇女们用棉质穆斯林面纱遮住面容，她们的服装结合了印制有服装款式照片的服装和系列时装的其他一些服饰。第二部分是只穿印有款式照片的服装。女人的脸是看得见的，她们披着头发。那些穿着印制裙子的人露着胸部，而其他穿着印制上衣的人则搭配简单顺滑的肉色短裙。场下支持者们的声音时不时地干扰着妇女放大的脚步声所营造的气氛。

高级定制（Haute Couture）
半定制（Semi-Couture）
成衣（Prêt-à-Porter）

1997 春夏，图片提供：Maison Martin Margiela

prochain par Margiela ? Longue et très près du corps. Les carrures sont étriquées, les manches étroites et les pantalons et les jupes droites, fendues dos et devant, sont plaquées sur les hanches.

Evidemment, une première ne va pas sans son côté show ou performance. Le tout n'est pas d'avoir du talent et de la technique, encore faut-il se faire remarquer. Pour ce faire, la sensualité et la sexualité restent toujours les meilleurs moyens d'attirer l'attention. Aussi les tee-shirts et les blouses sont-elles transparentes — l'ère de la mousseline s'annonce florissante — avec des coutures, pinces et paddings carrément apparents.

Les modèles que nous avons préférés ? Des vestes menues très bien taillées dont certaines ont les manches collées au corps, des gilets subtilement structurés avec des coutures rehaussées de ganses blanches sur fond noir, marine ou marron et certains corsages noués dans le dos qui rappellent les vêtements de salle d'opération.

Les visages des mannequins sont mis en valeur, si l'on peut dire, par des coiffures qui cachent les yeux mettant l'accent sur les bouches très rouges et par des mousselines qui s'enroulent entièrement autour de la tête. Un défilé dont, nous l'espérons, on reparlera.

1988 年 10 月

一份电报邀请人们出席车站酒店咖啡馆内（Café de la Gare）举办的时装秀，这是一家有木制长椅的老剧院，在那里将举行的是马丁·马吉拉的第一场时装秀。穿着时装系列的女性离开走秀台，融入人群。她们走过红色油漆，在白色的棉毯上留下痕迹。硬摇滚音乐与 70 年代抒情摇滚交替出现。白色塑料杯盛红酒的传统正始于此。她们头发前梳，眼睛乌黑，嘴唇鲜红，双腿赤裸，在腿后中部位用铅笔画出了一条效仿长丝袜的接缝线。

这位年轻前卫的设计师，毕业于安特卫普皇家艺术学院时尚系，在 80 年代末的时尚界引起了巨大的轰动。获得 1983 年金纺锤大奖后，被让 - 保罗·高缇耶 “劫持”后，当了他三年的助手。和他的同学们“安特卫普六君子”不同的是，他永远地离开了比利时，1988 年他与珍妮·梅伦斯在巴黎创立了 Maison Martin Margiela 品牌。

1994/1995 秋冬，洋娃娃衣橱里的服装放大5.2倍，达到了人体的比例。

“服装对象（vêtement object）”

图片提供：Maison Martin Margiela

解构（Deconstruction）

1997/1998 秋冬，将用于制作包裹立裁人台外层的粗质亚麻面料剥离下来，裁制成夹克或背心。
摄影：玛丽娜·福斯特

1997/1998 秋冬，用不能撕裂的工业用纸制成的裁片组合制成夹克。
摄影：玛丽娜·福斯特

1988 年 10 月，他的第一场时装秀展示了 1989 年夏季时装系列，在时尚界掀起了轩然大波。

这是在巴黎最怪异的场所内上演的一系列怪异时装秀中的第一场。客人们拿到了装在塑料杯里的廉价红酒，这是 Maison Martin Margiela 悠久传统的开始。在这里，嵌有似香烟形垫肩（Cigarette-shaped Shoulder Pads）的夹克和 tabi 分趾鞋（tabi boots）第一次亮相。随后定期出现在他的时装系列里，成了他的标志。

他的反消费时尚终结了“华美”风格：闪光和多余的东西消失了，取而代之的是朴素优雅以及闪闪发光、沙沙作响的材料，没有多余的装饰。马吉拉玩弄新造型，他将黄麻甚至塑料等非传统面料与轻盈透明的编织物结合在一起，未完成的褶边以及接缝处清晰可见。

他的时装系列风格是由其对服装的分析观点所决定的。他将一件衣服从内到外进行解剖再造。为了解剖，他必须把衣服剪开拆散，结果他被误解为“毁灭者”。马吉拉把这些碎片按不同的形式重新组合起来，或者添加到另一件衣服上，这就是解构主义——字面意思是把制造物拆开，而不是破坏。马吉拉通过把衣服拆成碎片，展示了衣服是如何制成的。

解构主义是 20 世纪中叶法国哲学家雅克·德里达（Jacques Derrida）在文学分析运动中使用的一个术语。比尔·坎宁汉（Bill Cunningham）是第一个将这一术语应用于时尚的人。1990 年 3 月（具体地说），他用该词回应了在巴黎 20 区一块废弃土地上展出的 Maison Martin Margiela 1990 年夏季时装系列。

马吉拉可能是前卫的典范，但他在过去找到灵感，重新利用旧衣服以及应用传统的制衣工艺。

马吉拉不仅对服装的结构感兴趣，而且对它们的历史感兴趣。他在时装系列中大量使用“复原”物品，这让他赢得了“垃圾摇滚（grunge）”的称号。复原挑战了创作的真实性。事实上，他的“跳蚤市场风格”是对传统剪裁的一种复杂研究。马吉拉和垃圾摇滚的区别在于，他不会乱穿旧衣服，而是对它们做些什么：他回收旧衣服，利用剪口或省道重新构造这些裁片的形状，并通过染色来改变它们的颜色和图案。他给那些旧的、被拒绝的、被谴责的衣服以新的生命。旧衣服对他来说是有情感意义的，它们见证了过去，见证了生活本身。“新的”旧衣服并不总能完成的事实（没有缝合的下摆或磨损的接缝）是故意的，因为未完成的可

1997/1998 秋冬，从旧毛皮大衣中回收的碎片重新拼接成的假发。祝福 Maison Martin Margiela。摄影：玛丽娜·福斯特

重构（Reconstruction）

一件衣服的“白坯样衣”指的就是需要第一次试穿用的“白坯样衣”。它是由原棉制成，可以进行多次修改。在工作室里，这种“白坯样衣”可以使衣服在出成品之前被完善至得到最终版型。摄影：玛丽娜·福斯特

以继续发展，效果非常强大。“复原”的衣服有内在价值。这些服装都是独一无二的艺术品。这反映在忧郁的、非传统的织物和材料上以及颜色和光之间的微妙和谐上。“独一无二（Pièces uniques）”属于高级时装，从这个意义上说，马丁·马吉拉（非常）接近高级时装，尽管他“有不同的意见”。

他对旧衣服的热情是如此的强烈，以至于他创造了仿制品。他观察精确的比例，有时甚至还观察比例不对称的旧服装、手工制作服装以及量身定做的服装。这样穿衣服死去的人在某种程度上就活了下来。他称复制品为“一系列旧衣服的复制品”。马丁·马吉拉视这些复制品为“原创”作品，而不是设计师对其的重新诠释，就像回收的衣物一样。1994/1995 冬季时装系列出现了一个时尚笑话，他制作了芭比娃娃服装的复制品，但放大了 5.2 倍，达到了人体的比例。他坚持用相同的袖子细节，并缝上了相对大小的摁扣。结果是一个有点不协调的轮廓。在 1996 年的夏季时装系列中，马吉拉发现了使用旧衣服的另一种变化。服装的照片印在轻薄流动的织物上，这些织物被制成结构非常简单的服装。这就产生了令人困惑的画面——比如那件厚重的开襟毛衣，仔细一看，原来是一件简单的真丝衬衫。

经过多年的“解构”之后，马丁·马吉拉在 1997 年夏季时装系列“Fashion in Construction”中发表了自己的作品，并将其命名为“高级成衣”。这与其说是一件衣服，不如说是一个想法或概念。马吉拉也随之进入了概念主义的领域，从 Stockman（法国人台道具品牌）立裁人台上剥离下来的外层面料改制成的背心，在将其他衣服的后半部分或四分之一大小的布料用大头针固定在这件背心上。这些衣服看似还处在未完成阶段，但它们已经是可以用来穿着的成品了。

克莱门特·格林伯格（Clement Greenberg）认为，现代主义的基本要素是利用学科所特有的资源来分析该学科。马丁·马吉拉正是用了自己的解构主义。他的解构是一条影响重大的迂回之路。他并没有提出反对或对立的时尚，而是一种不同的、实验性的时尚。马丁·马吉拉继续试验。在 1998 年夏季时装系列中，他设计了表面光滑的衣服，在脖子和手臂处开口，这样衣服就会完全服帖。衣服在人身体上由二维转向三维。

这是一个新的挑战：在设计一件可行的服装同时，又要设计一件可穿的服装。马丁·马吉拉永远不会忽视一个事实：一件衣服不能单独存在，而是与身体不可分割地联系在一起。一件衣服不应该是无生命的材料，它

必须是运动的，必须是有生命的。马吉拉通过辩证地使用“无生命的”假人，例如用 Stockman 改制的服装，达到了这种效果。

和许多设计师一样，马丁·马吉拉并不热衷于时装界推行的季节性时装系列和表演——“为了新颖而设计的新时装”（la nouveauté pour la nouveauté）。他不再忙于一连串的时装系列活动。1994 年夏天，他并没有推出新的时装系列，而是从过去的几个季节时装中挑选出服装，将其重新染成灰色。他不介意创造出一个新的时装系列，但当他准备好的时候，并不是因为距离上一次时装系列已经过去六个月了。

他还打破了为每一个时装系列组织一场时装秀的常规模式，但有时会发现不同的情况，例如 1994/1995 冬季时装系列的“商店橱窗”时装秀，1993/1994 冬季和 1997 年夏季时装系列的电影和视频时装秀。事实上，在一些时装秀中，模特们在脸上戴着面纱也是对崇拜顶级模特的一种抗议，这种崇拜会分散人们对服装的注意力。创造物本身应该被“听到”。

马丁·马吉拉是谦虚的化身。决不能分散人们对衣服的注意力——人们的注意力既不能放到过分熟悉的模特脸上，也不能放到模特自身的形象上。他缝在自己服装上的领标象征着他的态度。领标用一块空白材料制成，并将其四角用大针迹嵌缝在衣服上。他总是在幕后，很少在公众面前露面。他从不在时装秀结束后出来和人打招呼，只通过传真、发言人或联系人接受采访。所有的神秘感使他成为一个活生生的传奇。

1997 年 4 月，马丁·马吉拉被要求接管爱马仕女装的艺术管理工作。爱马仕和马丁·马吉拉——乍一看是一个不寻常的组合。爱马仕代表“经典”和“传统”，主要以丝巾（方巾）、领带和皮革制品闻名于世。然而，前卫的马吉拉和爱马仕一样，对过去的美好事物，对“手工缝纫”（Les Petites Mains de la Couture）的成品服装，怀有深深的敬意。

他和爱马仕的合作并不妨碍他继续设计女性时装系列。事实上，自 1998 年夏天以来，他也为妇女和女孩设计了更便宜的系列：用数字 6 代表，这个“数字”时装系列在 1999 年夏天扩充了 0 系列：女装成衣系列；0/10：男女时装系列；10：男装成衣系列；13：物件与书刊；22: 女性鞋子。除了他最初为女性设计的 1 系列以外，其他所有系列组别都有一个印有一串数字的领标，上面印着数字 0 到 23。在每一种情况下，该物品的相关编号都环绕在其领标上。

马丁·马吉拉已经参加了各种当代时装展。

他的个人首秀“La Maison Martin Margiela 9/4/1615”装置艺术回顾展，于 1997 年夏天在鹿特丹的博伊曼斯·范伯宁恩博物馆举行。Henket 展馆外摆放着 18 个由马吉拉创作的假人，每个时装系列都有一个剪影。参观者站在展馆里面向外看，正好面对着游览橱窗。

这些衣服用精选的细菌和霉菌处理了四天。它们被储存在适当的环境中，使有机体能够进食和繁殖。结果是出现了灿烂的变色，霉菌、变色和气流使得轮廓栩栩如生。这是一幅极其戏剧性的画面：衰败的诗歌。

回收利用
1997 春夏，图片提供：Maison Martin Margiela

对页
变形
左图 _1993 春夏，系着透明胶带重新手工制作的历史服装。摄影：北山达也
右图 _1990 春夏，用衬衣制成的连衣裙，配有独立的“香烟”肩。摄影：北山达也

BELGIAN

FASHION

DESIGN

"'我要毁掉这一切'的念头从未出现在我的脑海里。"
艾格尼丝·古瓦茨，"Martin Margiela gaat naar Hermès"，*De Morgen*，1997年4月28日。

"我喜欢复原的想法。我相信用废弃或破旧的东西做出的新东西是很美的。"
选自巴黎" La Maison Martin Margiela"记录。

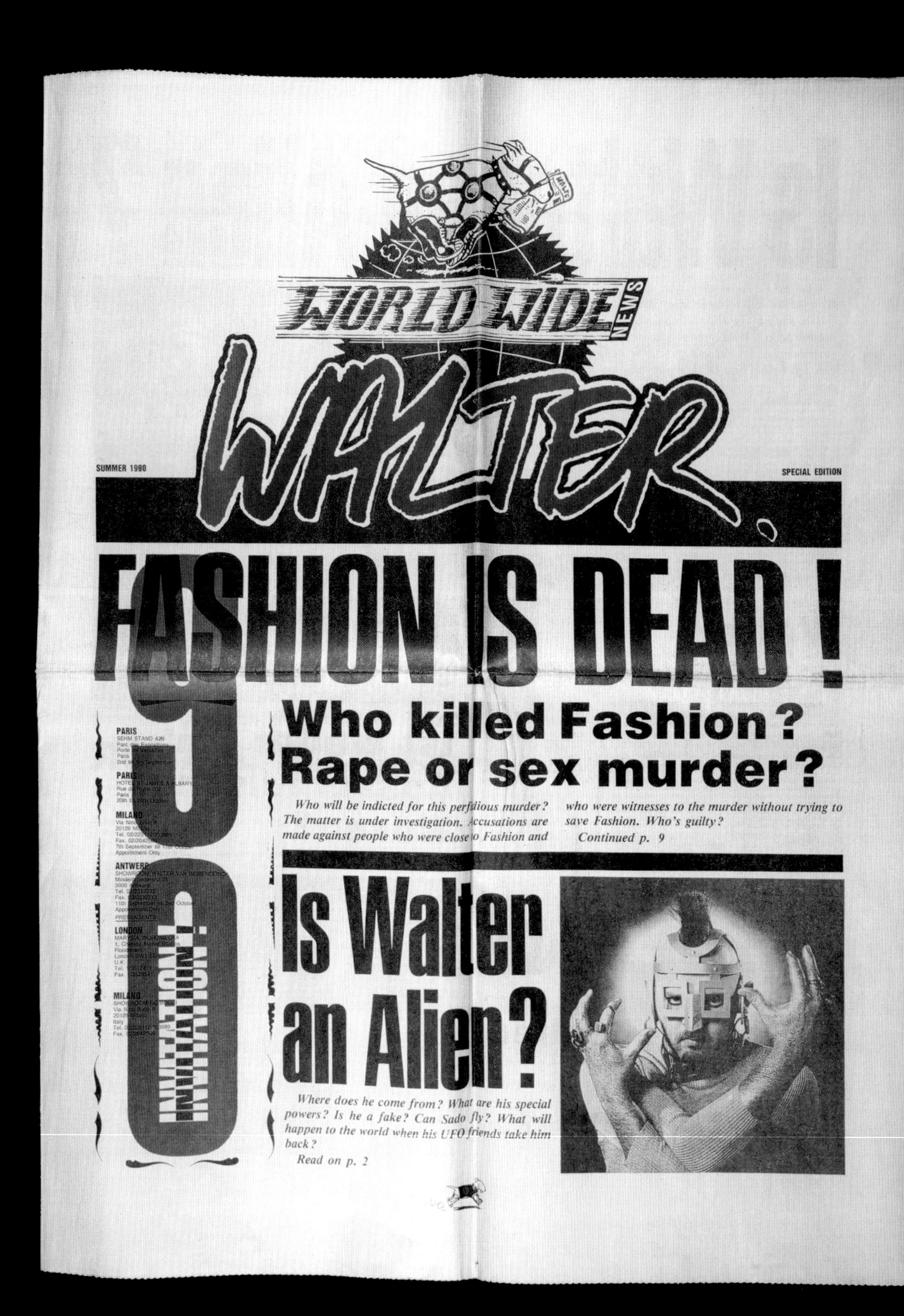

WORLD WIDE NEWS

WALTER

SUMMER 1990

SPECIAL EDITION

FASHION IS DEAD !

Who killed Fashion? Rape or sex murder?

Who will be indicted for this perfidious murder? The matter is under investigation. Accusations are made against people who were close to Fashion and who were witnesses to the murder without trying to save Fashion. Who's guilty?

Continued p. 9

Is Walter an Alien?

Where does he come from? What are his special powers? Is he a fake? Can Sado fly? What will happen to the world when his UFO friends take him back?

Read on p. 2

96

INVITATION!

PARIS
SEHM STAND A29
Porte de Versailles
Paris
2nd till 6th September

PARIS
HOTEL ST JAMES & ALBANY
Rue de Rivoli 202
Paris
20th till 24th October

MILANO
Via Nino Bixio 8
20129 Milano
Tel. 02/225112-203989
Fax. 02/2042509
7th September till 17th October
Appointment Only

ANTWERP
SHOWROOM WALTER VAN BEIRENDONCK
Minderbroedersrui 25
2000 Antwerp
Tel. 03/2317732
Fax. 03/2332713
11th September till 2nd October
Appointment Only

PRESSAGENTS

LONDON
MARYSIA WORONIECKA
1, Chelsea Manor Studios
Flood Street
London SW3 5SR
U.K.
Tel. 7351741
Fax. 7352954

MILANO
SHOWROOM EO BOSSI
Via Nino Bixio 8
20129 Milano
Italy
Tel. 02/225112-203989
Fax. 02/2042509

Walter Van Beirendonck, Walter Worldwide, Walter Worldwide News,"Fashion is Dead"1999春夏时装秀报纸样式邀请函。摄影：罗纳德·斯图普斯

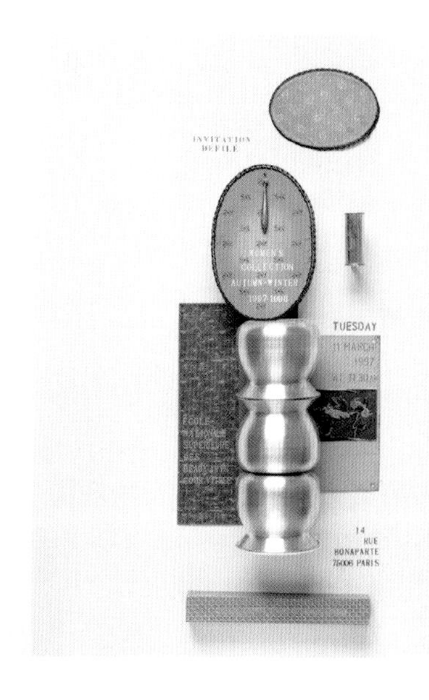

从左至右_
Jurgi Persoons 1999 春夏时装系列发布会邀请函，摄影：保罗·布登斯（Paul Boudens）

Jurgi Persoons 1997 春夏时装系列发布会邀请函，摄影：保罗·布登斯

Dries Van Noten 1997/1998 秋冬女装系列时装秀邀请函。摄影：菲利普·奥托·阿吉雷（Philippe Oto Aguirre）

Dries Van Noten 1997/1998 秋冬男装系列时装秀邀请函。摄影：菲利普·奥托·阿吉雷

“如果一种时尚风格可以持续一段时间（也就是说，如果卖家希望它的寿命长的话），就必须建立自己的评论体系和评论家关系网：时尚最有力的技巧之一就是在公众面前表现出自己的能力，即它能够引进或发明新的术语，并将价值分配给现有的术语。通过操纵语言，一种时尚可以消除它的对立面：它很可能变得无法讨论，因为与一种专门的批评性语言缺乏一致性，或者用它自身的评论术语来重新评估以否定正面的评价。”

Val K. Warke，“In Architecture. Observing the mechanisms of fashion”, *Architecture: In Fashion*, 1994, Princeton Architectural Press, New York, p. 138

杰西·布鲁斯:"无媒体，无时尚。"

弗朗辛·帕龙:"没有媒体的时尚可以存在，但速度要慢得多……媒体试图接触广泛的公众，所以他们得到水果馅饼或婚礼蛋糕……很少有事情能让他们动摇或使他们思考。这就是比利时时尚最近才被比利时人认可的原因。"

安·迪穆拉米斯特:"事实上，我把媒体视为我和'外面的人'之间的一种联系，他们不能来看我的时装秀；各种各样的信使，如果你愿意的话……我们从来没有在媒体上登过一栏的广告。我认为媒体是新闻的传播者。"

沃尔特·范贝伦东克:"当然，从设计师的角度来看，媒体所讲的故事极不准确而且缺乏内容。他们的故事总是充满了限定条件。有时，一个记者的观点开始主导其他人的观点，甚至成为其他观点的唯一灵感来源，这只能成功地使画面更加扭曲。有时候故事比产品更重要。"炒作"这个词从来没有像今天这样缺少内涵。人们对待时尚人才很随便。在巴黎，人们谈论的是使用舒洁纸巾（Kleenex）的心态，用了一两个季节就扔掉了。太可怕了。但另一方面，如果我在杂志上看不到我的衣服，我情不自禁地会觉得它们根本就不存在。时装系列必须被消费，必须出现在时尚报道中，必须出现在时装秀中……所有的东西组成了一个时装系列，我总是独立做事和为自己做事，但总有一天当产品必须走向世界时，媒体就真的非常重要了。"

Beauduin-Masson:"媒体没有创造任何东西，他们翻译和集中大量他们没有完全掌握的东西。我们不可能不承认一个广泛的共识，即媒体会传达什么或不会传达什么。可以说，在今天他们的主导作用就是放大，而不是启示，从这个意义上说，他们掌握了现实。"

伊曼纽尔·劳伦特:"被媒体认可为一名年轻的设计师的事实已经成为销量上升的同义词。"

帕特里克·皮斯顿:"媒体是把双刃剑。我们离不开媒体，媒体也离不开我们。显而易见，媒体的关注很重要，毕竟，它给了我们向全世界讲述自己故事的机会。事实上，媒介就是信息。另一方面，有些人的机会减少了，因为媒体没有专门报道他们。从某种意义上说，媒体可以制造或打破一个标签，在这方面，他们的权力太大了。"

安·惠本斯:"在我的职业生涯中，很少遇到能做到客观的媒体人。他们对时尚界正在发生的事情的描述是非常主观的。我还没有遇到一个挑剔并且与时尚界保持距离的人。似乎所有媒体人都完全沉浸在混乱中，沉浸在各种各样的聚会中，沉浸在倒满的香槟中。到目前为止，我从未见过一个能发表自己观点的记者，这是我觉得相当令人震惊的事情。我认为大多数记者都没有时间让自己去思考看到的东西。"

艾格尼丝·古瓦茨:"在我看来，在创造时尚和向全世界传播故事之间出现的裂痕，主要在于对图像的选择。首先，摄影师知道出售裸体照片比出售一件庄重的纽扣夹克更容易。其次，通过媒体（杂志/报纸/电视），最壮观的照片总是有最好的机会，而不是无数件优雅的礼服。这就是为什么消费者总是对时装秀有错误的看法，因为媒体从来不会讲述整个故事。"

德克·比肯伯格:"我真的很担心过度的夸大其词。时尚杂志总是在报道富有的时装店，并且继续炒作当下。因此，报道内容既多又有不足。"

尼尼特·穆克:"没有媒体，就不会有关于某些时装系列的任何内容报道，虽然媒体也会遇到同样的情况。设计师的意图经常以完全不同的形式出现在公众面前，有很多的原因。首先，在每一份杂志或报纸上，给时尚提供的时间和空间是有限的（比利时时尚更少）。因此，作为一名记者，你必须写得非常简洁，并且作出选择，所以往往忽略了重要事项。其次，是照片的选择。报纸编辑往往更多地关注模特的乳沟，而不是他们身上的设计。"

琳达·洛帕:"媒体只是交流的一部分，他们有时会发出令人困惑的信号。公众会错过与设计师、画作和后台的接触，这些经历可能比杂志上的一张照片更有价值。顺便说一句，这张照片也是一种解读，而且有时还会断章取义，造成整个内容和灵感的缺失。"

对页上图 _Dirk Van Saene1990/1991秋冬时装秀邀请函。杂志封面和报纸都寄来了封面，上面贴着邀请函的内容。

对页下图 _Dirk Van Saene1991/1992秋冬时装秀及洛拉单曲发布会邀请函。洛拉在时装秀当晚表演。德克·范沙恩："这个时装秀实际上更像是一个聚会，大家跳舞喝（很多）酒。"

"用 Roland Barthes 的话来说，作为最重要的"时尚机器"之一，时尚杂志依靠自己的能力，把注意力集中在读者身上。时尚期刊的功能既不是发起话语，也不是扩大认知；时尚期刊的运作始于一个差不多依赖于单一话语形式的权威位置，这种话语形式的功能是使形象脱离批判性的猜测，从而摆脱不受控制的话语的危险。时尚杂志的文章充斥着含蓄的评价和精心设计的赘述，意在强调它提供的陈述内容所规定的真实性确实属实。"

Val K. Warke, "In Architecture. Observing the mechanisms of fashion", *Architecture: In Fashion*, 1994, Princeton Architectural Press, New York, pp. 138-139

公众（市场）

“时尚是一种让人难以忍受的丑陋，以至于我们不得不每六个月就更改一次。”**奥斯卡·王尔德（Oscar Wilde）**

“我们卖的是梦想，不是衣服。”**欧文·佩恩（Irving Penn）**

“时髦毕竟是一触即发的传染病，证明其是由商人引起的。”
George Bernard Shaw, Preface to *The Doctor's Dilemma*. 1906

杰西·布鲁斯：“无市场，无时尚。”

简·韦尔瓦尔特：“时尚就是一门生意。我们以一个法郎开始一天，以两个法郎结束这一天。中间的创造力就是我们与众不同的原因。我认为边界的实际存在激发了创造力。当然，设计师不应该失去自己的特征，否则他就会融入主流。”

伊娃·拉克斯“你必须了解公众的反应并加以发展，建立自己的销售渠道或市场。在我职业生涯的早期，卖自己的时装系列，自己选择销售点。我很清楚自己的产品属于哪个商店，属于哪个消费者。”

索尼亚·诺尔：“通过购买，大众使前卫时尚成为可能。除了供求关系，没有其他的体系（即使优秀设计师的供给远远超过需求）。”

安尼米·维尔贝克：“这是一个你必须加入的体系。你必须有勇气研究市场。你不能只是假装自己是个岛屿，然后说‘我不想再为这些事操心了’。然而，你也必须有能力让自己远离这些事。理想情况是两者之间达成某种形式的平衡。例如，在设计时装系列层次关系时，你必须考虑到成本。你必须把自己的时装系列转换成数字，否则，你就不能继续下去。你必须让人们做白日梦，但是他们的梦一定是不可避免且行得通的。在我看来，这是一个非常有趣的限制。”

德赖斯·范诺顿：“事实上，时尚是商业、商业和美学的结合，在某种程度上让它变得有趣了。然而市场对设计过程的压力是巨大的。服装正在成为一种‘消耗品’。看看清仓大甩卖：这是否意味着 3 月份‘漂亮’的、有一定价值的服装在 7 月份就变难看了呢？消极的一面是短暂地、歇斯底里地追求新鲜的刺激。然而事实上，有些‘新的’东西并不总是意味着它有吸引力，或会产生影响。某些基本规则并不总是在争取世人的关注中得到尊重。”

琳达·洛帕：“创意与商业成功并不矛盾。”

沃尔特·范贝伦东克：“时尚仍然是一种边缘现象。但是我发现，时装设计师面临的挑战之一就是调整他的故事以适应经济形势，并使之具有传染性。我从来没有在生产商业时装时遇到过问题，也没有在长时间的制作上遇到过问题。”

弗朗辛·帕龙：“公众是时尚的拥护者，但不幸的是，他们通常只是妥协，而不考虑设计本身的实力和多样性。他们会在挑选的过程中将设计初衷‘阉割’（如布料、颜色、样式的选择，对提高生产利润进行修改……）。”

尼尼特·穆克：“设计师是整个时尚行业的先驱，他们的创作推动了整个行业的发展。他们往往是如此有远见，以至于世界还没有为他们的新设计做好准备。其他人（通常是一个商业品牌）在一两年后成功地完成了这些设计。我认为比利时应该给予设计师们更多的支持，因为他们的先锋作用以及他们的成功对平淡的成衣制造业和就业产生了积极的影响。十年前，如果你是个纺织品制造商，你还会为来自比利时而感到惭愧，现在每个人都很好奇你能提供些什么。”

对页上图 _“Het Modepaleis”，德赖斯·范诺顿的安特卫普旗舰店。（左：他父母的商店 Van Noten 或“Het Meuleken”）

中图 _ 安特卫普时尚企业家吉尔特·布鲁洛的 Louis 时装店外的橱窗。

下图 _ 在布鲁塞尔索尼亚·诺埃尔先生的 Stijl 店试穿 Ann Demeulemeester 品牌服装。摄影：伯特·霍布雷希茨

17 岁的学生 Marlies 穿着 Veronique Branquinho 的毛衣。

17 岁的学生 Pieter 喜欢 W.&L.T.。

20 岁的时装专业学生 Sara 喜欢安·迪穆拉米斯特。她喜欢纯正的线条以及对色彩的运用。

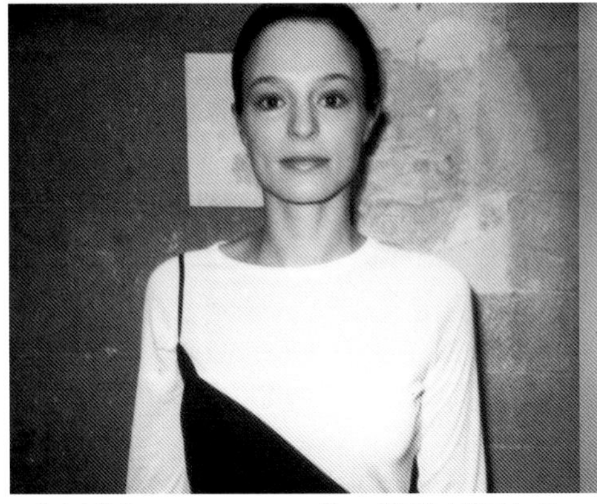

艺术史学家 Nele Bernheim 说："我最喜欢的是安·迪穆拉米斯特。为什么？因为动感。它给了我额外的女性时光和力量。"

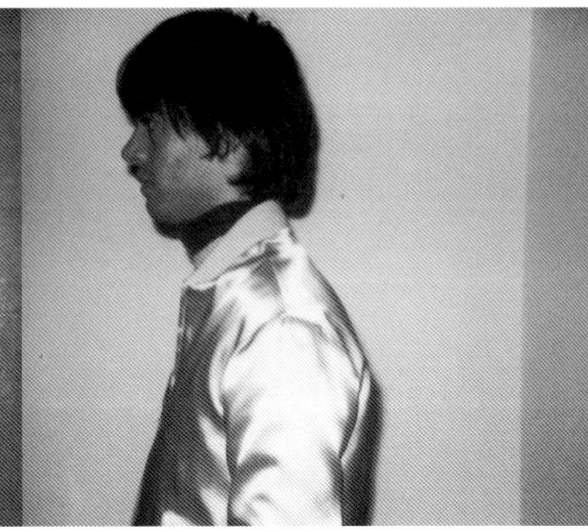

Bert 穿着拉夫·西蒙设计的衣服。

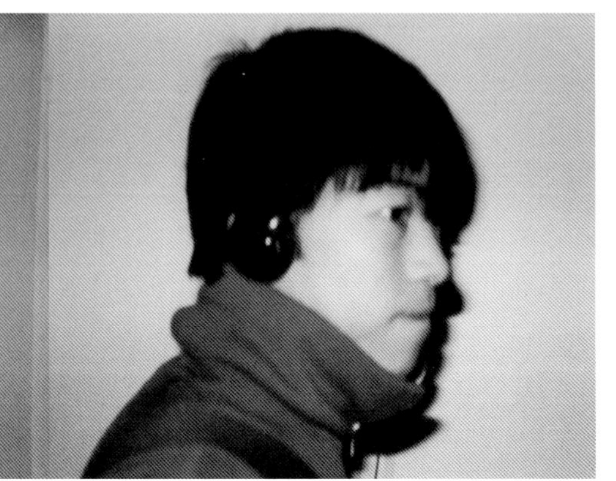

无详细信息。

Hedwige 戴着埃尔维斯·庞皮利奥设计的帽子说："戴着心动之选。它既有幻想，但同时又很优雅经典。"

21 岁的学生 Diane 说："我最喜欢的是沃尔特·范贝伦东克设计的 T 恤，以及德赖斯·范诺顿设计的经典款。"

销售助理 Mia Demasque 说："我最喜欢的是德克·范沙恩。他的设计非常漂亮。"

16 岁的学生 Nadege 需要一顶帽子出席姐姐的婚礼。为什么是埃尔维斯·庞皮利奥？因为它们有无尽的选择。

芳香理疗师 Diana Caves 说："我真的很喜欢那个新来的女设计师维罗尼克·布兰奎尼奥，当然还有德赖斯·范诺顿。"

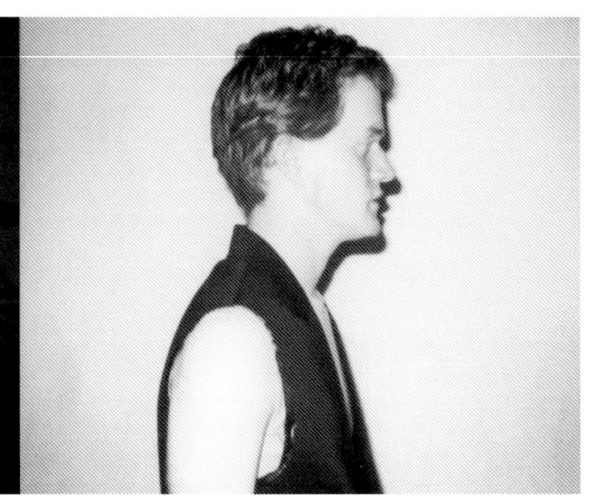

时装专业学生 Kobe Lecompte 说："今天我买了拉夫·西蒙设计的无袖休闲夹克。我最喜欢的是德克·比肯伯格。他的设计将坚固与时尚结合起来。"

Colette 在购物。

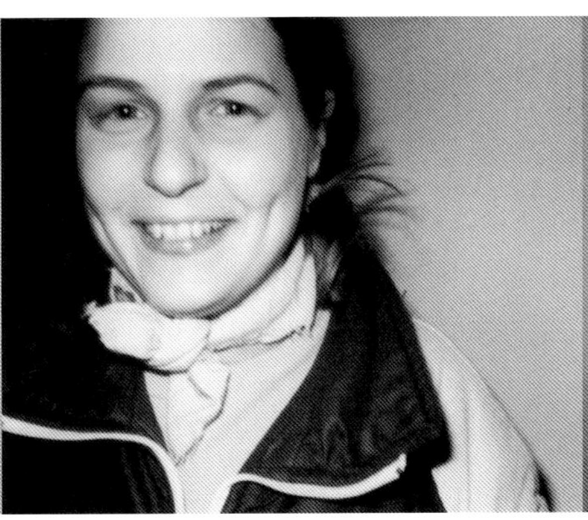

时装专业学生Carolin Lerch说：“今天我试了马丁·马吉拉设计的牛仔裙。很“嬉皮”，所以总是很经典。我最喜欢的设计师是德克·范沙恩。他太狡猾了。”

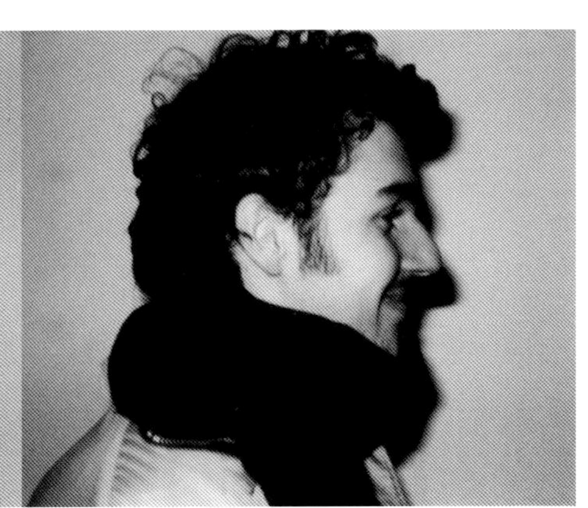

一个和蔼可亲的年轻人也出现在店里。

“Handsome”店内的5岁小成员Max Janssens。哈瑟尔特的Handsome是一家出售比利时设计师服装的商店。

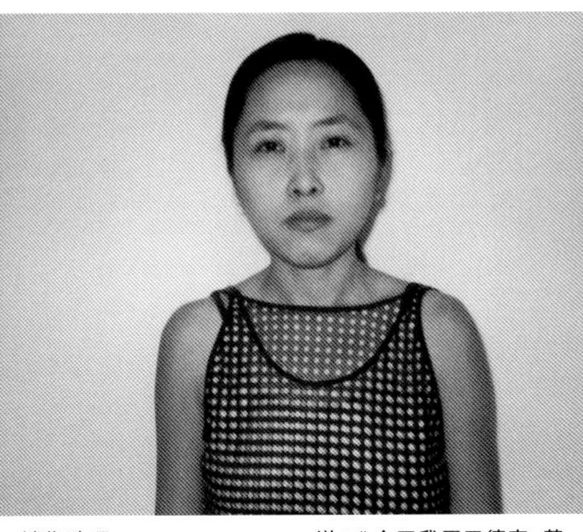

销售助理Mona Nonnemans说：“今天我买了德克·范沙恩设计的衣服。衣服很不一样。沃尔特·范贝伦东克是我最喜欢的设计师。”

律师Eva Roels说：“我最喜欢的比利时设计师是卡特·提利，因为她精彩的垂悬设计，还有德赖斯·范诺顿，因为他的色彩运用和东方风格。”

时装专业学生Tabassom Charaf说：“我最喜欢的设计师是德克·范沙恩”

没有评论。

Regine Stoffels：“今天我买了一件德赖斯·范诺顿设计的夹克，因为其优质的面料。我一直买马丁·马吉拉设计的衣服。我最喜欢的设计师是安·迪穆拉米斯特。”

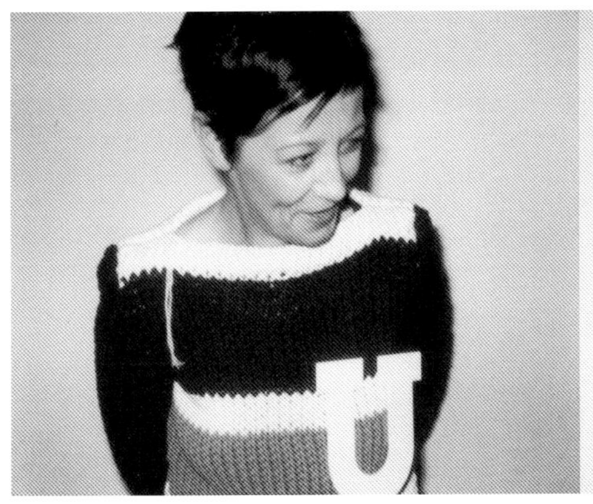

Ria穿着马丁·马吉拉设计的洋娃娃式毛衣说：“我总是买马丁·马吉拉、安·迪穆拉米斯特或德赖斯·范诺顿设计的衣服。偶尔买维罗尼克·布兰奎尼奥设计的衣服。”

“我最喜欢的设计师是德赖斯·范诺顿。”

Djamel戴着埃尔维斯·庞皮利奥设计的帽子。

摄影：伯特·霍布雷希茨

机遇（走出国门）

特别致谢日本

Beauduin-Masson:“一个人只待在自己的国家不一定会成功。开展国际合作，尤其是和日本的合作，为青年设计师开启了许多机遇之门。这真是太棒了，令人感到惊喜。”

伊曼纽尔·劳伦特:“日本钟情于比利时的时装，青年设计师可以由此起步，尽管他们还未成名。当然，他们仍需尽快征服其他市场才能继续发展。”

德赖斯·范诺顿:“我们 95% 的产品都用于出口。其实我们是在国外起步，之后才‘回来’的。我们努力让我们的作品尽可能去到更远的地方。”

克劳丁·泰奇:“如果没有日本市场，我最多只能撑过一季！现在是我的第七个季度了，并且刚刚才进入纽约和伦敦的市场。”

艾格尼丝·古瓦茨:“如果没有日本市场对时装超乎想象的兴趣，不少设计师会一直没有活儿可做，不仅仅是指比利时的设计师。在一个紧跟时尚和新事物的市场中，危险就是它的不稳定性，因此它不能，也不应该作为商业的唯一基础。克里斯·梅斯特达（Chris Mestdagh）要正视现实，如果一位日本大客户由于某种原因退出了，那么整个体系都会随之轰然倒塌。”

弗朗辛·帕龙:“对所有设计师来说，日本是理想买家的第一集散地：他们渴求新意，对时装设计师有着真切的热情，而欧洲的购买心态会更谨慎犹豫，这就是规模营销的结果。”

尼尼特·穆克:“事实上，由于日本社会存在严格的等级秩序和官僚气息，这给许多人（尤其是年轻人）带来的反作用就是他们在闲暇时对创新和奢侈的接纳度极高。同时，比利时人交货非常准时，这会令生活习惯井然有序的日本人感到非常满意。如果没有日本市场，很多年轻的比利时设计师将无法生存。”

索尼亚·诺尔:“日本人是很棒的顾客。车子、房子等在我们这会儿被摆到首位的东西，在日本总是不重要的。他们用新颖的服饰来表达自己的个性。”

琳达·洛帕:“比利时设计师在日本的成功，我认为是由于日本人和比利时人在某种程度上具有相似的精神内核。另一点是，年轻的日本买家对创造力有较高的接受度。”

栗野宏文:“也许日本的人们（准确说是对时尚感兴趣的那一类）喜欢概念性的事物，而我们喜欢分析。无论如何，我们有川久保玲（的 Comme des Garçons），我认为大部分的比利时设计师都是她的孩子。”

“在日本，时尚仍然吸引着人们的想象力。除了销售我们衣服的 6 家门店外，还可以在日本的 30 家店里看到我的设计。这个国家热衷时尚。并且，清晰的系列组合一定会符合他们的品味。他们经常一次性购买整个系列。日本年轻人能接受潮流趋势，当我们在晚上抱怨天气不好时，他们在谈论比利时设计师的精美服装。

伊尔斯·德韦尔（Ilse Dewever），《斯蒂芬·施耐德，无懈可击的人》（*Stephan Schneider, de onkreukbare*），*De Morgen* 增刊 *Metro*，1997 年 7 月 19 日。

上图 _1996 春夏 “Styling edition”, Vol. 7 © United Arrows

下图 _1996/1997 秋冬 “Styling edition”, Vol. 8© United Arrows Ltd.

英奇·格罗纳德为 A.F.Vandevorst 设计的妆容，1998/1999 秋冬，摄影：罗纳德·斯图普斯

英奇·格罗纳德

这位化妆师兼发型师是和马丁·马吉拉、“安特卫普六君子”一起在专业方面共同成长的。从她自由职业生涯的初期开始，她就参与了他们的发展之路。

她的作品和他们秀场以及所创造的形象紧密相连。她对“刚刚好”和“不合适”有着明确的判断，而权衡两者有时就像在一条绳上保持平衡。

她目前正在和乔奇·帕罗松、A.F.Vandevorst、帕特里克·范欧梅斯勒格和伯纳德·威廉合作。

Purple Fashion 在 1998 年 3 月回顾了她的作品，同年 5 月出版了 *Make up Inge Grognard* 手册。

她通常和搭档罗纳德·斯图普斯合作。

玛丽·普里约特

玛丽·普里约特在 1964 年成立了安特卫普皇家艺术学院时尚系，为成为世界闻名的时尚学院奠定了基础。“安特卫普六君子”正是在她的指导下接受了良好的训练。琳达·洛帕是她的第一批学生之一，于 1982 年接手她的工作。玛丽·普里约特在 1988 年去世。

马瑟·范勒姆普特

和玛丽·普里约特一样，马瑟·范勒姆普特（Marthe Van Leemput）也是作为安特卫普皇家艺术学院的学生崭露头角。很快她就成了普里约特的得力助手，普里约特更注重专业中偏艺术的方面，而勒姆普特则传授学生们更偏技术的元素：绘图、褶皱和垂饰。她将用余生继续以她的工艺技术支持年轻设计师。

琳达·洛帕

琳达·洛帕于 1982 年担任安特卫普皇家艺术学院时尚系主任，这也是她曾经学习的地方。琳达·洛帕确立了学院的国际声誉，并在沃尔特·范贝伦东克的协助下，将学院打造成为比利时新一代设计师的摇篮。同时，她积极推动法兰德斯时尚研究学院的建立，该学院于 2000 年底永久入驻安特卫普市中心的 Mode Natie（时尚国度）。这座美丽的建筑中包括时尚博物馆、学院时尚系、图书馆、阅览室和法兰德斯时尚研究学院。琳达·洛帕在 1998 年被任命为此新中心的负责人。

吉尔特·布鲁洛

吉尔特·布鲁洛是一位活跃的发言人兼策划人，他在“安特卫普六君子”首次访问伦敦时与他们结识。他参与了 *Bam*（*Belgian Avantgarde Fashion*）杂志的创意工作，该杂志在金纺锤大奖赛时期繁荣发展。杂志中突显了七位先锋设计师的前卫贡献，是他们推动了比利时时尚文化的形成。吉尔特·布鲁洛在 1989 年开设门店 Louis，出售他个人精选的比利时设计产品。他与琳达·洛帕、帕特里克·德穆因克共同建立法兰德斯时装学院。

格迪·埃施

80 年代初，时尚记者格迪·埃施邀请设计师沃尔特·范贝伦东克、安·迪穆拉米斯特、德赖斯·范诺顿和德克·范沙恩为她的时装摄影提供造型设计，当时他们刚刚从学院毕业。格迪·埃施是金纺锤大奖赛的评审团成员。她与艾格尼丝·古瓦茨、Simone Vanriet 联合撰写了《平原国家的时尚》（*Mode in de Lage Landen*）。她被法兰德斯时装学院录取，并负责学院的首次活动 Le Pitt livre rouge des Belges 和 Vitrine。

海伦娜·拉维斯特

金纺锤大奖赛于 1982 年由当时的 ITCB（Instituut

voor Textiel en Confectie van België，比利时纺织品与服装学院）设立，旨在提高比利时时尚的声誉。ITCB 和金纺锤大奖赛在创意方面的主力人物，正是海伦娜·拉维斯特（Helena Ravijst）。她曾陪同年轻设计师前往日本旅行，促进了*Mode dit is Belgisch* 和 *Bam* 等出版物面世。她在最后的金纺锤大奖颁发之前去世，ITCB 自 1992 年后停办。

米切尔·贝克曼

海伦娜·拉维斯特去世后，她的得力助手米切尔·贝克曼（Michele Beeckman）接管 Mode dit is Belgisch 项目运营的工作。在 ITCB 停办后，她成功为项目和自己找到了新的赞助人。Roularta 出版社仍然出版 *Mode dit is Belgisch* 杂志，一年发行两次，作为 *Knack-Weekend Knack* 杂志的补充。米切尔·贝克曼也从事宣传类工作。

珍妮·梅伦斯

珍妮·梅伦斯钟情于日本 80 年代初成名的设计师作品，她是第一个引进 Yohji Yamamoto 和 Comme des Garçons 作品的人，并在她位于布鲁塞尔 Graanmarkt 的店里出售。她的时装作品见证了她的艺术视野和经历。她具有类似马丁·马吉拉的风格，马丁·马吉拉在 1988 年推出首个系列。同时，珍妮·梅伦斯是 La Maison Margiela 的商业总监。

艾格尼丝·古瓦茨

艾格尼丝·古瓦茨是比利时 *De Morgen* 的时尚记者和专栏作家。她一直担任坎布雷国立视觉艺术高等学院评审团成员，为金纺锤大奖赛和安特卫普皇家艺术学院时尚系工作,并参与撰写《平原国家的时尚》一书。

弗朗辛·帕龙

弗朗辛·帕龙在 1986 年被任命为布鲁塞尔新成立的时尚系（即坎布雷国立视觉艺术高等学院）主任，奥利维尔·泰斯肯斯等设计师在此接受了几年的专业学习。她 1999 年时离开布鲁塞尔，前往巴黎法国时装学院（Français de la Mode，简称 IFM）任教。

鲁迪·克里默

鲁迪·克里默接受过美发学习，在为试镜模特化妆时被吸引进入时尚领域。他作为模特经纪公司化妆师的职业生涯也由此开始。在 1988 年，他为安·迪穆拉米斯特的时装秀设计妆容，他们一直是长期稳定的合作伙伴，一起定期带着化妆团队参加其他比利时设计师的时装秀和摄影大会。与英奇·格罗纳德夸张前卫的标志性装扮不同，克里默以他自然迷人的“影视明星”风格闻名。克里默在国际舞台上没有太多的经历，他属于保守的类型，除了对待杂志方面的“胆小”，他还说比利时是适合生活和工作的完美国度。

安妮·库里斯

1959 年出生于安特卫普，安妮·库里斯先后就读于安特卫普皇家艺术学院和圣吕克学院。布鲁塞尔音乐厅“Ancienne Belgique”的前任主管，请她为 Jean-Paul Gaultier 和 Régine Chopinot（1986）

伊曼纽尔·劳伦特：“造型工作是团队性质的工作，每个人在最终方案的形成过程中都发挥着重要的作用。”

德赖斯·范诺顿：“团队会帮你从远一点的角度审视你的作品。他们的主要作用是提供意见。”

沃尔特·范贝伦东克：“似乎比利时人的典型特点是把自己的想法落实到每一个细节上。而在其他国家，情况却完全不同。化妆师可以完全 100% 决定妆容的样子。我的情况正好相反。你先有自己的想法，再和化妆师讨论，最后达成具体的结果。我觉得这种合作方式很有启发性。大家一起寻找解决方案，探索做事情的新方式。”

简·韦尔瓦尔特：“感谢团队的所有人，没有他们，就没有我。”

安·迪穆拉米斯特：“和我们共事的人们都非常重要。我认为，这么多年以来，我们身边已经聚集了一群发自内心支持我们的人，对我们忠诚的人。人才对我们的一切事务都是非常重要的。”

安妮·库里斯：“虽然我协助了 Dries Van Noten 的出版物设计，但我并不认为团队决定了设计师的成功。别忘了，设计师才是选择自己团队的人。”

彼得·飞利浦：“就比利时时尚而言，创造某种形象的并不是团队人员。团队是由‘安特卫普六君子’首创事务产生的直接结果。‘六君子’以及通过各种方式支持他们的时尚狂热分子推动了比利时‘时尚界’的发展。这群先驱者在摄影、造型、化妆、平面设计中自发地创作。团队助理从这个“群体”而生，新一代设计师正在充分利用它。”

英奇·格罗纳德和罗纳德·斯图普斯：“他们当然不应被忽视，人很难在没有别人帮助的情况下生存（设计师通常需要提供尽可能全面的视角）。”

丽莲·克雷姆斯：“在比利时时尚界有许多重要助力因素。媒体人员、造型师、摄影师等。他们经常在幕后，但他们一定会存在。如果让我说出所有的重要人物，我会列出比利时时尚界中一半的人名。”

沃尔特·范贝伦东克：“我认为教育是必需的。四年的院校教育提供了实用的基础，让你有时间去解决所有的问题，并组合成你终有一日要讲的故事。这四年给了你时间去了解你自身，去深入探索。我认为这个时期是你之后赖以生存的东西，这正是教育的重要性所在。我还注意到，设计师仍会继续深化他们在那些年中所产生的想法。”

斯蒂芬·施耐德：“在安特卫普的学习对人格形成和发展比利时的声望有很大的影响。你会学到如何保持和发展你的强项。”

设计了时尚海报。Dries Van Noten聘任她为长期的平面设计师（她已经做了20多个季度），她还为Walter Van Beirendonck和Dirk Van Saene设计了邀请函。在80年代，她是大名鼎鼎的*Bam*杂志的平面设计师，该杂志是“安特卫普六君子”的传播喉舌。

她为安特卫普皇家艺术学院时尚系设计了海报和设计目录（她在学校担任讲师）。除了在时尚界的作品外，安妮·库里斯在文化领域也很活跃。她为Tom Lanoye设计了*Doén*的封面，该书在阿姆斯特丹和法兰克福书展上获奖；她的系列海报Paul Van Ostaijen 100Jaar被提名为1997年最佳文化系列海报。佛兰芒歌剧院（Flemish Opera）也是她曾工作过的主要文化机构之一。

1997年，她推出了Anne Kurris儿童系列，这是一个全新的挑战。她作品的特点是与众不同的平面视觉和对新意的孜孜追求。

彼得·飞利浦

彼得·飞利浦1993年毕业于安特卫普皇家艺术学院时尚系，随后他立即投入为拍摄和录制设计妆容的世界中。他在阿姆斯特丹学习了一年另一门课程，并且很幸运在1995年成为鲁迪·克里默和英奇·格罗纳德的助理。他的作品发表于*Weekend Knack*、*Flair*和*Feeling*等杂志。

在1998年，几位年轻的设计师拉夫·西蒙、维罗尼克·布兰奎尼奥、Dirk Schömberger和奥利维尔·泰斯肯斯邀请他为他们在巴黎、米兰和东京举行的时装秀化妆。随后国际客户接踵而至。从那时起，彼得·飞利浦便开始为自己工作，服务于*i-D.*、*Visionaire*、*V-Magazine*和日本版*Elle*等。

奥利维尔·里佐

奥利维尔·里佐是彼得·飞利浦的同班同学，他也在1993年毕业于安特卫普皇家艺术学院时尚系。随后他担任了几年沃尔特·范贝伦东克的助理。

1995年，他开始成为自由造型师，先后服务于Jurgi Persoons和Wim Neels的男装系列。他负责W.&L.T.和Walter van Beirendonck时装展的造型设计。1999年，他担任*The Beauty Issue' of Sputnik #3*特邀时尚编辑。他与Peter De Potter共同策划“Fame on You”展览，他们在为布鲁塞尔时尚协会（Modo Bruxellae）策划的这次展览中，表达了对安迪·沃霍尔的敬意。

由维罗尼克·布兰奎尼奥和拉夫·西蒙为1999春夏和1999/2000秋冬所设计的两个Ruffo Research系列，均由里佐提供造型设计。

奥利维尔·里佐长期担任*Weekend Knack*杂志时尚摄影编辑及造型师，也曾为*i-D.*、*Visionaire Book*和*V-Magazine*工作。他经常与彼得·飞利浦和摄影师威利·范德佩尔合作。

保罗·布登斯

平面设计师保罗·布登斯曾为许多比利时时装设计师工作：包括沃尔特·范贝伦东克、德赖斯·范诺顿、A.F.Vandevorst、乔奇·帕罗松、奥利维尔·泰斯肯斯和维姆·尼尔斯，仅举几例。

彼得·飞利浦为 Veronique Branquinho 1999 春夏系列发布秀设计的妆容。
摄影：伯特·霍布雷希茨

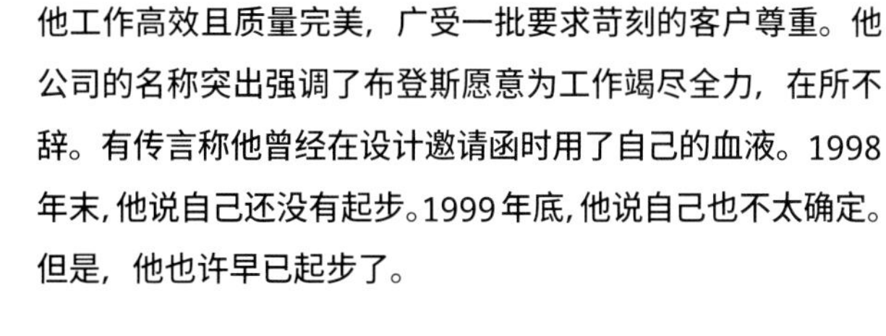

通过沃尔特·范贝伦东克提供的第一份工作，他步入时尚界。他工作高效且质量完美，广受一批要求苛刻的客户尊重。他公司的名称突出强调了布登斯愿意为工作竭尽全力，在所不辞。有传言称他曾经在设计邀请函时用了自己的血液。1998 年末，他说自己还没有起步。1999 年底，他说自己也不太确定。但是，他也许早已起步了。

罗纳德·斯图普斯

罗纳德·斯图普斯 1950 年出生于海牙，在体验了旅行、音乐、艺术和时尚的人生经历后，他 36 岁才开始摄影。马丁·马吉拉、沃尔特·范贝伦东克、德克·范沙恩、乔奇·帕罗松和A.F.Vandevorst都是他的固定客户。他也曾为德赖斯·范诺顿、拉夫·西蒙和维罗尼克·布兰奎尼奥服务。本书中的大部分图片归功于他。

身为时尚摄影师，他参与了多个展览，比如 1997 年 Elein Fleiss 策划的“in The Deep in Tokyo（东京深处）”和 1997 年在波尔多的“Triangle（三角）”展览。他的作品被许多国际时尚杂志转载。

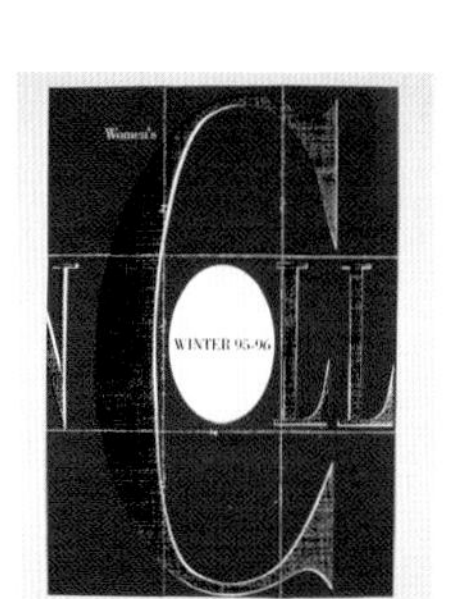

埃尔克·霍斯特

在某个工作室里，埃尔克·霍斯特（Elke Hoste）为众多比利时设计师绘制服装纸样和制版，德克·范沙恩、利夫·范甘普、沃尔特·范贝伦东克、乔奇·帕罗松、维姆·尼尔斯、克里斯托夫·查隆、安妮·库里斯等；他们给她发送附带说明的设计图稿，埃尔克参照图稿进行服装制版，纸样版制好后开始裁制首件白坯样衣（toile），这件用白棉布制成的首件样衣就是服装的第一版，之后再同设计师一起将服装版型修改至完美。

埃尔克·霍斯特是安特卫普皇家艺术学院时尚系的教师，经营自己的公司 3 Quart。该公司除了制作图案外，也生产限量定制服装，例如德赖斯·范诺顿为舞蹈团体 Rosas 设计的舞台装，以及沃尔特·范贝伦东克为 U2 乐队设计的服装。

“如果说这件外套很合身，这可能是不太合理的说法。”
琳恩·肯普斯引用埃尔克·霍斯特的话，*Weekend Knack*，第 58 页，1998 年 3 月 4 日。

对页上图_妆容设计：彼得·飞利浦和鲁迪·克里默，造型设计：奥利维尔·里佐（Olivier Rizzo），摄影：威利·范德佩尔（Willy Vandeperre）（Sputnik 提供），服装设计：拉夫·西蒙

对页下图_Ann Kurris，1999 春夏系列。造型设计：奥利维尔·里佐，摄影：罗纳德·斯图普斯

本页右上图_Dries Van Noten，1999 春夏。摄影（特写）：罗纳德·斯图普斯
本页右中图_Martin Van Massenhove，1998 春夏

卢卡·维拉姆

卢卡·维拉姆经验丰富，他参与了 *Mode dit is Belgisch* 第一版的撰写工作。他曾长期担任德克·比肯伯格随行团队中的主摄影师，他们共同制作了一系列传奇的目录。

卢卡·维拉姆目前作为摄影师与鲁迪·德博伊塞和马丁·范马森霍夫等人共事。

U2 乐队的 Bono 身着沃尔特·范贝伦东克的作品。

安吉洛 · 菲格斯

安吉洛 · 菲格斯（Angelo Figus）来自撒丁岛，毕业于安特卫普皇家艺术学院。

在德赖斯 · 范诺顿的赞助下，他的第 2 学年作品 Big Stomach Ache、第 3 学年作品 Mezzanotte（如图），以及第 4 学年作品 Quore Di Cane 在 1999 年 6 月的巴黎的高定时装周上展出。《国际先驱论坛报》的苏西 • 门克斯对此报道 :“对服饰的褶皱、垂摆和甚至是长款外套上的几何图案，菲格斯都倾注了想象力和工艺精神，看到这些作品让人十分感动。”

克里斯托 · 波菲斯

克里斯托 · 波菲斯（Crstof Beaufays）毕业于布鲁塞尔坎布雷国立视觉艺术高等学院。摄影 : 第 3 学年作品 Pictomodelisme。“我希望打破图片和现实的界限，即二维世界和三维世界之间的边界”。第 4 学年作品 Instantmode 表示了一次性服装的概念。他的方法论有 7 条原则 :（1）“逼迫”自己产生新想法，超越理性 ;（2）思维方式应该是“为服装寻找合适的身体”而不是“为身体创作服装”;（3）永远记住身体是有生命的 ;（4）放大二维事物，让三维世界渗入 ;（5）将虚拟世界中的元素具体化，并在现实世界中使用 ;（6）展现出更多人为因素，虚化并保护其“本质”;（7）寻求短时效的事物，探索重新定义的无限空间。

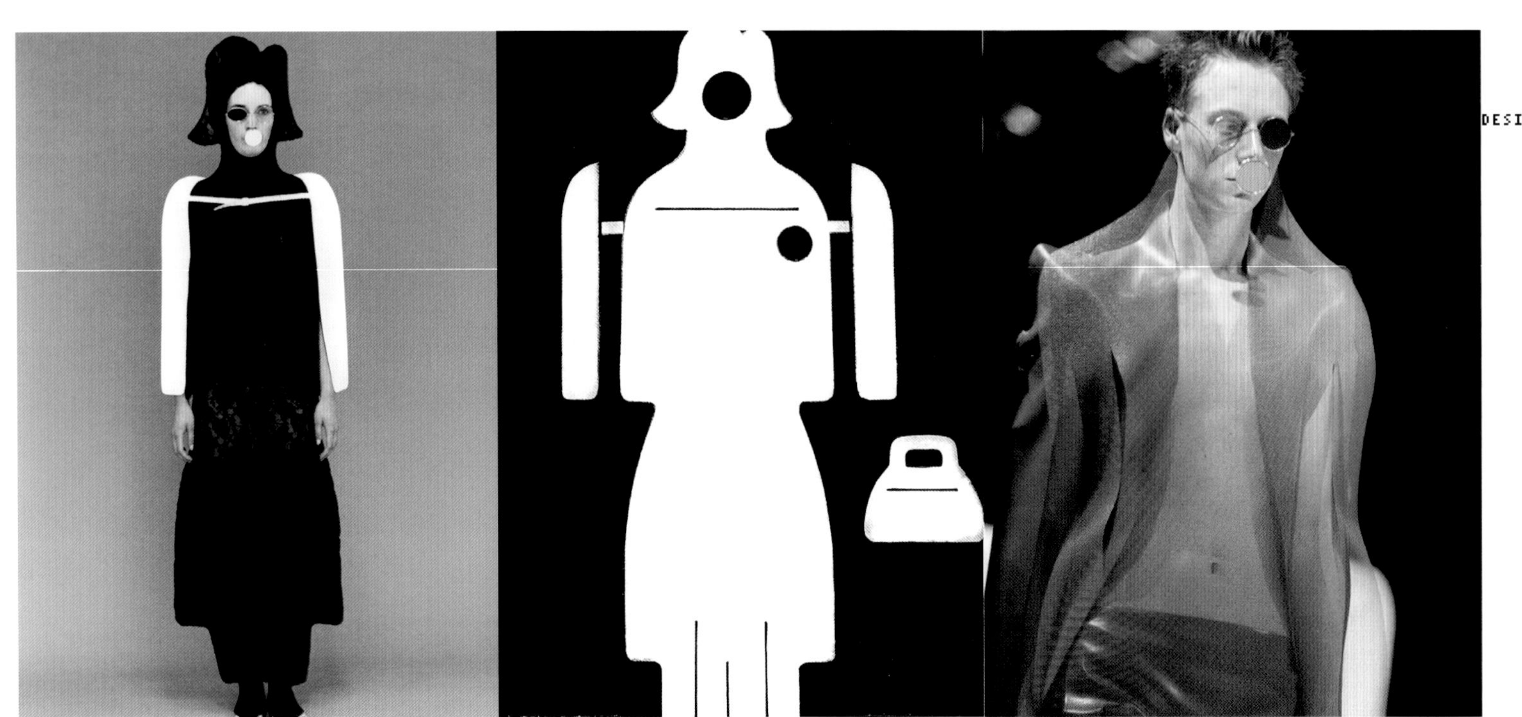

摄影 : 第 3 学年作品 Pictomodelisme

如果问起这些比利时设计师成功的秘诀是什么，最显而易见的答案当然是教育，而并非像波利·梅林（Polly Mellen）和许多其他时尚界人士所说的"一定是因为当地水里的某种物质"。而说起时尚教育，安特卫普皇家艺术学院时尚系是不二之选。该院系由玛丽·普里约特女士在1962年创立，全球知名毕业生有安·迪穆拉米斯特、德赖斯·范诺顿、马丁·马吉拉、德克·比肯伯格、德克·范沙恩、沃尔特·范贝伦东克、卡特·提利、利夫·范甘普，以及近期A.F. Vandevorst组合的菲利普·阿里克斯和安·范德沃斯特、乔奇·帕罗松、维罗尼克·布兰奎尼奥和伯纳德·威廉。真正的时装教育不仅仅是学习如何缝制、绘图、选择材料和计算服装成品的实际成本。安特卫普课程设置中最重要的是培养创造能力的过程。鼓励学生形成自己的个人风格才是这所学院的核心目标，当你了解它的杰出校友，你会发现它已经成功实现目标了。近期毕业生及有发展潜力的学生有布鲁诺·皮斯特（Bruno Pieters）、安吉洛·菲格斯、Gert Motman、蒂姆·范施泰伯根（Tim Van Steenbergen）、马库斯·斯特拉瑟（Markus Strasser）和Christian Wynants。

安特卫普应用科学大学下辖安特卫普皇家艺术学院视听艺术系，时尚品牌营销与管理

Hogeschool Antwerpen-Departement Audiovisuele en Beeldende Kunsten

Koninklijke Academie voor Schone Kunsten van Antwerpen, Afdeling Mode

地址：Kammenstraat 18, 3rd Floor, 2000 Antwerp.

电话：+ 32 (0)3/ 205 18 90.

传真：+ 32 (0)3/ 205 18 99.

全日制，4年，MA硕士学位，申请人需通过入学考试。

大约十年前，弗朗辛·帕龙在坎布雷国立视觉艺术高等学院开设时尚系时，他带着一腔热血和充足的知识，却也有一些忧虑，因为当时安特卫普已树立了良好的声誉。现在，不必担心，学院已经逐步壮大，拥有大量才华横溢的毕业生和在校生。学生代表有：沙维尔·德尔科尔、托尼·德尔坎普、桑德琳·伦鲍克斯、奥利维尔·泰斯肯斯、莱蒂亚·克拉伊（Latitia Crahay）、乔斯·恩里克·奥菲拉（José Enrique Oña Selfa）、Hélène Buisine、Michael Guerra、Didier Vervaeren、Cristof Beaufays和Eric 'Willy' Meunier。

坎布雷国立视觉艺术高等学院，时尚风格与造型

Ecole Nationale Sup¬rieure des Arts Visuels de La Cambre, D¬partement Mode & Stylisme

地址：427, avenue Louise, 5th Floor, 1050 Brussels.

电话：+ 32 (0)2/ 648 96 19.传真：+ 32 (0)2/ 640 96 93.

全日制，5年，需要通过入学考试，使用法语授课。

根特是一个较小的学术城镇，这里的时尚院校并没有成百上千的学生，但氛围友好且学风务实。在根特学习时尚的人通常没有成就国际事业的野心，如果有的话，他们也会对此低调保守。但是无论如何，他们在比利时的时尚圈中没有任何就业压力。同时，该院校设有纺织设计系，专注于研发创作新型面料，如高科技面料和手工制作的面料。设计师毕业生有：威姆·戈德里斯（Wim Godderis）、伊娃·博斯（Eva Bos）、Stephanie de Smet和芭芭拉·诺贝特（Barbara Notebaert）。

安特卫普应用科学大学下辖根特皇家艺术学院视听艺术系，时尚品牌营销与管理

Koninklijke Academie voor Schone Kunsten van Gent, Atelier Mode

地址：Offerlaan 7, 3rd Floor, 9000 Ghent.

电话：+ 32 (0)9/ 266 17 98. 传真：+ 32 (0)9/ 266 17 97.

全日制，4年，MA硕士学位，需要通过入学考试。

其他提供全日制教育的院校

Atelier Lannaux 时装设计学院（造型设计 / 服装制版）

Atelier Lannaux, (Styling/Pattern Making)

地址：143-145 rue Philippe Baucq, 1040 Brussels.

电话及传真：+ 32 (0)2/648 187.

私立学院，全日制和非全日制（晚上授课），3年制

布鲁塞尔弗朗西斯费雷尔高等专科学校（造型设计 / 服装制版）

Haute Ecole Francisco Ferrer (Bischoffsheim), (Styling/Pattern Making)

地址：4, rue de la Fontaine, 1000 Brussels.

电话：+ 32 (0)2/279 58 50. 传真：+ 32 (0)2/279 58 59.

艺术高等教育，3年制，需通过考核测试

非全日制院校

布鲁塞尔圣吕克学院（造型设计）

Institutes of Saint-Luc de Bruxelles (Styling)

地址：57, rue Lerland, 1060 Brussels.

电话：+ 32 (0)2/537 36 45. 传真：+ 32 (0)2/537 00 63.

专业技术课程，晚上授课，3年制，需通过入学考试。

Huis van het Nederlands（时装设计）

地址：23, rue Philippe de Campagne, 1000 Brussels.

电话：+ 32 (0)2/513 39 09. 传真：+ 32 (0)2/502 17 85.

男女时装设计，晚上授课，2年制。

安特卫普皇家艺术学院，时尚系

Royal Academy of Fine Arts, Fashion department

地址：Boonhemstraat 1, 9100 Sint-Niklaas.

电话：+ 32 (0)3/776 33 00. 传真：+ 32 (0)3/776 34 53.

男女时装设计，每周一次晚上和周六授课，4年制，另提供2年专业深化学习备选。

Centre Ifapme Liège-Huy-Waremme asbl 教育培训中心（造型 / 时装设计）

地址：70, rue de Château Massart, 4000 Liège.

电话：+ 32 (0)4/253 31 08. 传真：+ 32 (0)4/252 16 36.

男女时装设计，每周两次晚上授课，3年制。

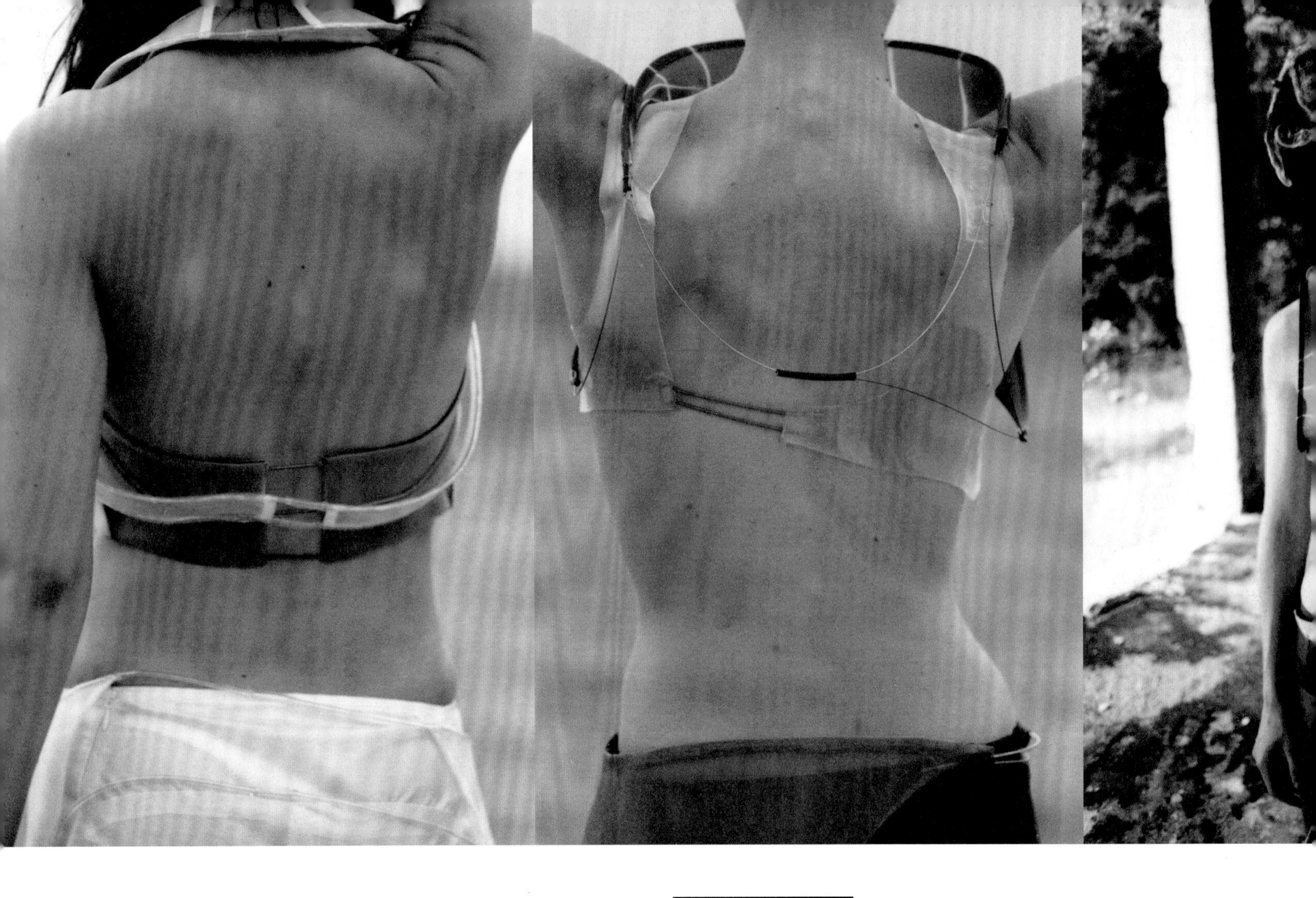

芭芭拉·诺贝特

芭芭拉·诺贝特1999年毕业于根特皇家艺术学院，毕业设计作品为SPS 3003系列。标签：未来主义、科学主义、生物、建筑。参考文献：电子产品开发、数字制图、科学模型、建筑施工图。时装＝研究，服装系扣的创新方案。材料：硅、合成帆布、尼龙纱布、金属丝。

安克·洛

安克·洛(Anke Loh)出生于德国，1995年就读于安特卫普艺术学院。毕业设计作品为SHE系列，受Pina Bauch和Pipilotti Rist的影响，设计轮廓轻盈明晰，表达着一种强有力的女性宣言。

她第三学年的作品名为Fütter Mein Ego（如图），以诱惑和纳粹主义为主题，灵感来自Niger的the Peul/Wodaabe- men。

Beauduin-Masson："学校教育具有不可置否的优势。设计师在一个作品的构想、推广和制作的过程中，全程都在和时间赛跑，要一直保持个人风格是很困难的。院校应该要促进'个人风格的发现'，这是一个成长的阶段。

"在比利时，高质量的教育资源得益于公立院校，而在一些国家，学校是私立的，因此只对精英阶层开放。比利时院校的亲民性也扩大了院校的影响范围。学校提供了一个交流场所，无论是在校内还是校外。对此，我们必须提及琳达·洛帕和弗朗辛·帕龙的优良品质，他们在教学中的巨大贡献，促进了这样的交流。"

弗朗辛·帕龙："如果不去教授创意的力量和通过时装展现个性，我们学校还能教授什么？但不贴合生活实际和行业需求的学校是无法想象的。我们应该鼓励交流实践，为促进内在或外在的发展提供支持，成为青年人才的行业跳板。根据我们的观察，优秀人才的突破始终是高度的创新精神加上责任感和操作行业所有要素的能力。真正的时装设计师必须掌握这一切，因此，并没有多少人能做到。如果造型师只具备了这些品质的一部分，或者各种能力程度不一，人们的评价仍然不会太好，这太糟糕了。我们注意到，当一个人取得突破时，对整个行业都是有利的，而且有助于在国内外塑造国家的形象，尽管这个国家并不是一直都有办法公平合理地支持年轻人。"

吉尔特·布鲁洛："安特卫普引领了一场关于院校和教育的新运动。它已然成为创造力的源泉，吸引着世界各地的年轻人，

随之自然而然地产生了新的变化。这就相当于50年代的演员工作室（译者注：Actors Studio，1947年成立的职业演员培训机构），推动纽约电影和爵士乐形成特定风格。这就是我对安特卫普现象本质的理解。”

伊曼纽尔·劳伦特：“无论提供什么样的指导或训练，学校或实习教育都是主观的。此外，一个人潜在或明确的个性才是决定性因素。”

安尼米·维尔贝克：“作为坎布雷国立视觉艺术学院的教师，我知道部分人并没有因为教育而有所改善，但教育仍然是最佳途径。这是你所有能做的事情中最好的选择。如果你能够感知时尚，你就一定会有所作为。但这还远远不够，这一点我可以证明。”

德赖斯·范诺顿：“首先，专业热情是很重要的。时尚不是一个可以学来的专业，你需要保有激情，否则会十分困难。其次，良好的教育可以正确引导你的创造力。最后，你必须要经历一段实习期，和别人一起或者独立进行，要不断反复实践！”

安·迪穆拉米斯特：“我并不相信教育。我总是觉得：如果你有才华，你自然就会成功！但无可否认，它可能是有用的。我经历了四年的教育阶段，这期间我自学，自我实践，直到我为步入现实世界做好准备。你自己越努力，你就会学得越好，没人为你负责，你也没办法怪别人。当然，我认可良好的管教和鞭策等因素是有用的，但动力必须源于你自己，不能指望学校给你。

“我确实相信我们这一代人中有某种化学反应，因为有太多的各异的个人风格，都源于同一种动力，彼此互相激励，我们一定会成功的！但这种动力不是学校给的，而是来自我们自身。”

简·韦尔瓦尔特：“时装专业的学生不是只忙于选面料、手绘和创作。我也能在个人层面上得到发展。学习是一种文化上的快感。琳达·洛帕和沃尔特·范贝伦东克教会了我很多东西。”

克劳丁·泰奇：“我认为在比利时最重要的是人才。”

马丁·范马森霍夫：“我基本上是自学的。学习动机更为重要。对我来说，时装是一种必需品，就像呼吸和进食一样。但是，时装学院确实是进入这个行业的助力和跳板。”

奥利维尔·泰斯肯斯：“我从小就一直在做衣服，觉得非常有趣。我离开时装学院是因为我不喜欢这个体系。对我来说，时装学院和其他学校没什么不同。我能快速了解自己需要什么。我从未参与任何实习，一切都是通过实践而掌握的。但每个人的情况有所不同，我只是倾向于自己这样的做法。”

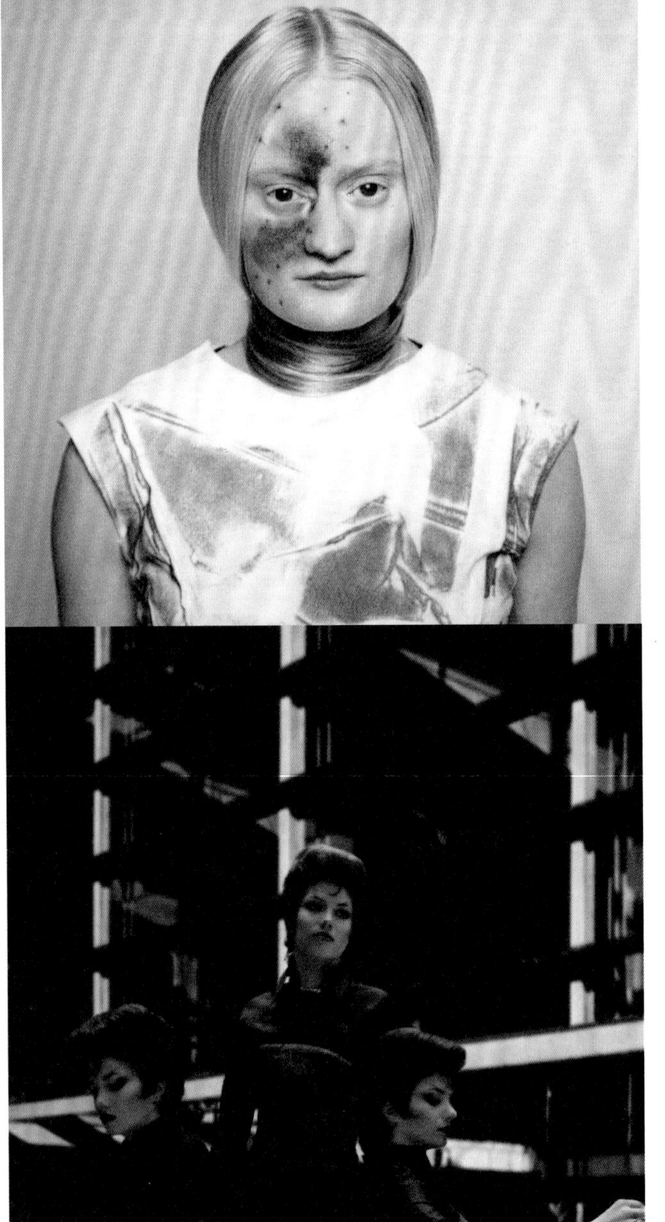

米沙尔·格拉

1995 年毕业于布鲁塞尔的坎布雷国立视觉艺术高等学院。

身为舞台服装设计师、平面设计师及造型顾问，他参加了多个比利时国内外多元文化展览，并一直在设计整理获奖作品集。

布鲁诺·皮特斯

布鲁诺·皮特斯（Bruno Pieters）1999 年毕业于安特卫普皇家艺术学院，毕业作品名为π 1（摄影：对一件衣服的研究，“Print Top”。妆容设计:skin disease）。摘自 1999 年学院作品集：设计理念：（第 1 步）消除“总体形象”，将款式不同的服装穿着搭配成正常或普通的组合想法抛弃，也就是摆脱配套搭配的教条主义，无论是颜色、形式还是面料方面。（第 2 步）思考新的方法：换一种方式来看待一个人的服装及其功能、意义。（第 3 步）关注某一个特定的项目（随意选择）：本作品的重点是裙子，对此服装品类不同形状和形式的表现。（第 4 步）为作品创造理想背景：本作品中裙子是不可或缺的，其他服装是烘托此核心主题的环境。两者之间的互相作用产生了一定的张力效果。（第 5 步）有所保留：为突出这种新奇的方式，12 件背景服装一开始先隐藏起来，使用黑色马海毛遮盖，从而营造出意外的氛围。当遮盖物揭开后，被隐藏的东西会一一呈现。

伊娃·博斯

1999 年毕业于根特皇家艺术学院。作品是 Meet the Elvis In her Impeccable Taste。她的主要工作也是她最喜欢的事情——生活。她生活自律，言辞有理，她的才华引导她走向成功，当她微笑时，一切由她主导。

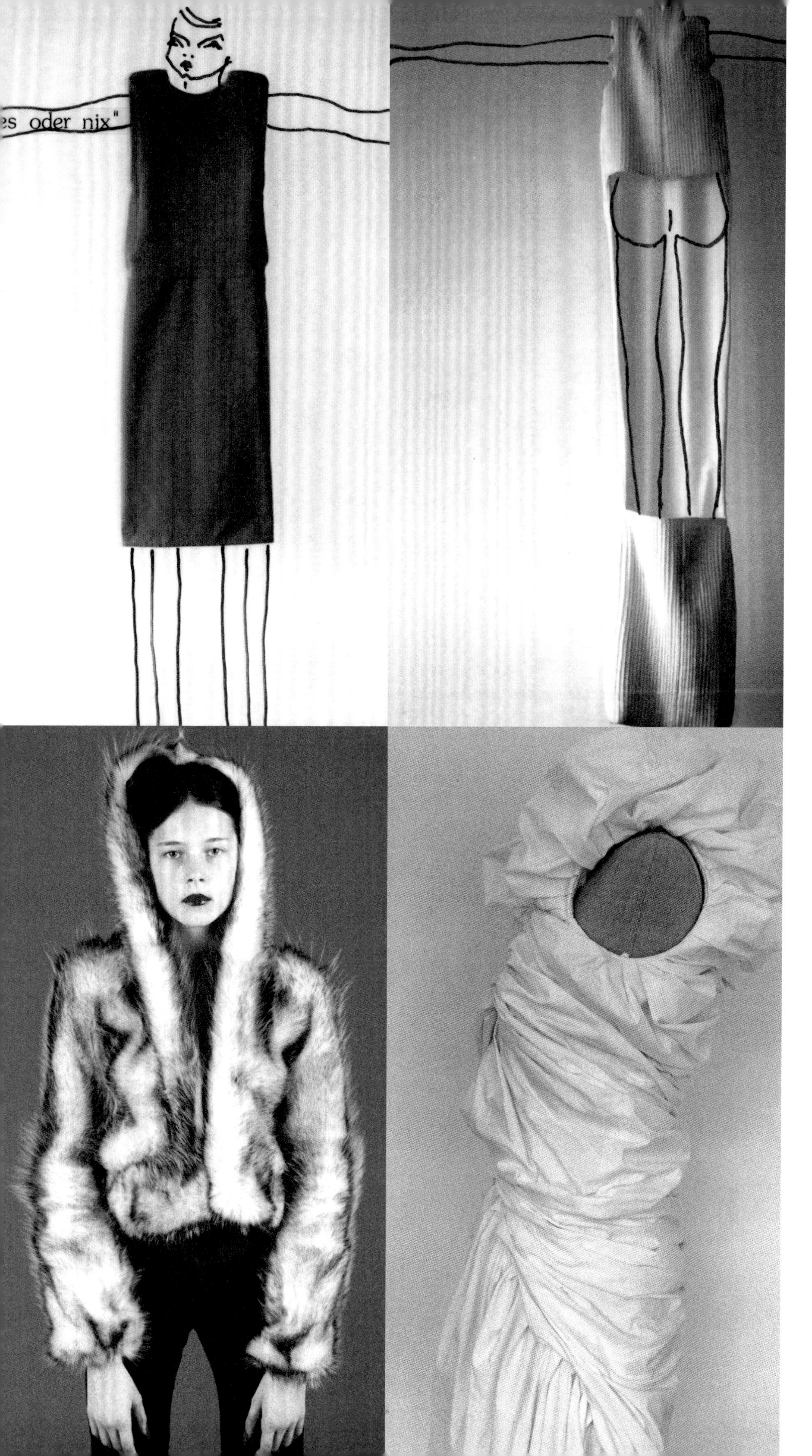

马库斯·斯特拉瑟

奥地利人，毕业于安特卫普皇家艺术学院时尚系。在他入学第二年，他的作品Alles Oder Nix（如图）已获得关注。1999年，他第三学年的作品De Geometrische Mens表现了多个几何体之间的复杂关系。

BELGIAN

莱蒂亚·克拉伊

1999年，莱蒂亚·克拉伊（Latitia Crahay）在坎布雷国立视觉艺术高等学院的毕业设计秀上展示了一系列妙趣横生和极具创意风格的作品。她从“21世纪的女权主义”出发，展示了具有自我意识的女性，她引述Barbara Kruger的话“我不是你的任何东西”，性感而有尊严。她喜欢“高贵”的材料，如皮革、皮草和真丝。她出色地完成了所有的作品，包括黑色皮裤、真丝斗篷，以及缝有玫瑰花环的衬衫。（摄影：1997/1998秋冬）。莱蒂亚·克拉伊也担任Olivier Theyskens展的艺术总顾问。

FASHION

巴特·德巴克雷

DESIGN

巴特·德巴克雷（Bart De Backere）是安特卫普皇家艺术学院时尚系的学生。主观观察的局限性和模糊性让他感到震撼，他尝试把这个微妙的感觉转化为服装。他的作品名称已充分表达了这一观点：客观世界与主观感知（第2学年，如图），看得见的和看不见的（近期，第3学年作品）。

蒂姆·范施泰伯根

在 1999 年安特卫普皇家艺术学院毕业时装秀上，蒂姆·范施泰伯根展示了令人印象深刻的第三学年设计系列作品：模特们随着幕布起落而出现，表现了西班牙北部红黑礼服的几个变化阶段。他的设计风格华丽，总会使用经典着装展开序幕。他突破性的裁剪增强了神秘的氛围，浪漫且女性化。

乔斯·恩里克·奥菲拉

西班牙出生的乔斯·恩里克·奥菲拉毕业于坎布雷国立视觉艺术学院的时尚系。他 1999 年的毕业作品 La Confession Du Poulailler 展现了他的文化根源，表达了伊比利亚女性的骄傲。他希望表现“一个西班牙女天主教徒，她情绪高昂，偶而困惑且为人慷慨”。紧身黑色上衣和裙子与宗教符号相结合，具有伪戏剧性的效果。他选用的材料往往是奢侈的：真丝和羊绒，表现了严肃的态度与时尚品位。

“态度”是乔斯·恩里克·奥菲拉最喜欢的研究领域。在他之前的作品 LA le St on DE maintien 中，他通过解读古典舞蹈和弗拉明戈的动作，试图从运动中的女性身体中提炼出“正确”的态度。

威姆·戈德里斯

1996 年毕业于根特皇家艺术学院。他学生时期的作品 Leaving Logic and Reason（逃离逻辑与理性）实现了作品名称的效果：作品以金属和含铅玻璃为主要材料，制作了一件名为 pièce de résistance 的舞会礼服，重达 25 公斤。他的毕业设计 Travelling In The Arms Of Unconsciousness（跟随潜意识而行）中，他使用这些材料制作了经典男装。

1997 后，他专注于饰品，开始设计一系列的手包和珠宝。舞会礼服的成功将激励他在时装与雕塑的结合上继续挥洒热情：设计大于真人规格的大件服饰。

致谢

首先，本书编辑向出版商 Peter Ruyffelaere 致以诚挚的谢意。在 1998 年 3 月的一个下午，Peter Ruyffelaere 问道：“可否帮我做一件关于比利时时装设计的事？”如果没有这个机遇，这本书永远都不会开始。

感谢本书中所有的设计师，为我们提供了丰富的素材，对我们所做的事情感兴趣并给予支持。我们也感谢他们许多的工作人员，协助解决了本书撰写过程中遇到的许多小问题。你们都知道此处指的是谁了。十分感谢。

感谢所有花费时间回答我们问卷的人们，包括口头和书面的问卷，我们知道这不是容易做的事：（按出现时间排序）Sonja Noel、Hirofumi Kurino、Dries Van Noten、Jenny Meirens、Geert Bruloot、Jesse Brouns、Anne Kurris、Ghilaine Nuytten、Lene Kemps、Francine Pairon、Ronald Stoops 和 Inge Grognard、Ninette Murk、Lilian Kremers、Bob Van Reeth、La Maison Martin Margiela、Ann Demeulemeester 和 Patrick Robyn、Stephan Schneider、Emmanuel Laurent、Ann Huybens、Olivier Theyskens、Dirk Bikkembergs、Walter Van Beirendonck、Dirk Van Saene、A.F. Vandevorst、Gerdi Esh、Michael Guerra、Kaat Tilley、Anne-Sophie de Campos Resende Santos、Xavier Delcour、Annemie Verbeke、Anna Heylen、Lieve Van Gorp、Azniv Afsar、Veronique Branquinho、Christophe Broich、Bertrand Sottiaux、Linda Loppa、Eva Lacres、Ingrid Van de Wiele、Agnes Goyvaerts、Kirsten Pieters、Martin Van Massenhove、Patrick Pitchon、Fabienne Oger 和 Raoul Rosenbaum、Myriam Wullfaert、Anne Masson 和 Eric Beauduin、Wim Neels、Claudine Tychon、Pieter Coene、Jan Welvaert、Rudy Deboyser 以及 Peter Philips.

感谢 Hirofumi Kurino，在百忙之中仍不厌其烦地回复了我们大量的电子邮件。他对比利时时装设计的独到见解，令我们惊叹。

衷心感谢 Nele Bernheim，在我们激烈的辩论中，她一直保持优雅。她的知识是无价之宝。

感谢我们优秀的摄影团队 Carl Bruyndoncks 和 Bert Houbrechts（Bert，我们什么时候再一起去 Sportif 咖啡馆？）；感谢 Gregorio Willems、Ilse Nackaerts、Mariest Vandersmissen 和 Dinie Van den Heuvel 的街拍；感谢 Nele Bernheim、Sebastiaan Schutyser、Wouter Wiels、Jan Vandeweghe、Gerdi Esch、Isa de Baets、Veerle Jansoone、Tom Torrekens、Lian Kremers、Dieter Suls、Armand Plottier、Eva Maes、Christine Delhaye、Gauss 教授和 Christophe Demuynck 教授，把他们的书籍和材料借给我们阅读，并和我们分享他们的知识。

感谢 Gerrie van Noord 出色地处理这些文本，在我们不断发火的情况下，以完美的翻译持续返稿。

感谢法兰德斯时尚研究学院的 Linda Loppa、Geert Bruloot 和 Patrick Demuynck，感谢他们对我们的项目感兴趣，并为我们提供重要材料；特别感谢 Gerdi Esch，如果没有她的参与，我们会走很多弯路。同时感谢她为“历史（变化）”一章提供的优秀论文。

感谢 Ninette Murk 对我们的不懈支持，并在“培养（实习）”一章中为我们提供帮助。

感谢 Ludion 的各位，坚信事物物质性的 Lut、鼓励我们的 Rona、传承了 Ludion 精神的 Jan，以及 Tania，不断整理本项目遗留的许多细节问题。

San Van de Veire 希望感谢她的朋友和同事，忍受她的情绪并支撑起她的精神信念，特别是 Miepje、Leentje、LukA、Philippe、Bernard、Ben B.、Patje（感谢提供音乐）；感谢 Julie 和 Goa-team，因为那疯狂的……感谢 Dimi、Hilde、Fa 和 Nick（勿忘安特卫普的昔日时光！）；感谢 Frank B.、Gaudi、Michel、Geert 和 Chrisje、Jeroentje、Kathleen B.、Patrick S、Nick S、Joost、Filip、Christoff 和 Ppenjn。还感谢 Luc Derycke 让她加入，感谢他对团队的坚定信心。衷心感谢自己的父母、祖母、兄弟 Peter 和 Steve，在她疲惫不堪之时，相伴左右。

Luc Derycke 希望向他的爱人 Tania 表示感谢，在他健康受到影响时温柔地让他离开电脑屏幕，感谢她对本项目的良好反馈和此期间的陪伴。同时，感谢 Denis Dujardin、Annabel Bruneel 和 Ronny Martin 在关键时刻提供了重要评论；感谢 San 的热情帮助，在每个人还在思考下一步的时候，San 提供了关键的知识，让这本书走上了正轨。感谢大家忍受和原谅他长期的孤僻，也感谢那些被他接听电话时心不在焉的态度而感到冒犯的人。

工作人员

本书在 MCC Smart 的鼎力支持下出版。本书出版商向法兰德斯时尚研究学院 1997 法兰德斯文化大使所提供的编辑建议表示感谢。

本书文本由 Luc Derycke、Gerdi Esch、Ninette Murk 和 Dieter Suls 撰写。

记录与标注：Nele Bernheim、Luc Derycke 和 Sandra Van de Veire；翻译：荷兰语译员 Gerrie van Noord（部分，包括简介）、

Wendy van Os（主要部分）和 Arthur Payman（稍少部分）以及法语译员 Brian Holmes。

翻译协调
Gerrie van Noord

原书平面设计
Luc Derycke

原书由 Die Keure、Bruges 在比利时印制。

图书在版编目（CIP）数据

比利时时尚设计 / (比) 吕克 · 德雷克
(Luc Derycke) , (比) 桑德拉 · 范德维尔
(Sandra Van De Veire) 著 ; 顾晨曦 , 刘芳译 . -- 重庆 :
重庆大学出版社 , 2021.11
（万花筒）
书名原文 : BELGIAN FASHION DESIGN
ISBN 978-7-5689-2963- 9

Ⅰ. ①比… Ⅱ. ①吕… ②桑… ③顾… ④刘… Ⅲ.
①服装设计—比利时 Ⅳ . ① TS941.2

中国版本图书馆 CIP 数据核字（2021）第 191476 号

比利时时尚设计

BILISHI SHISHANG SHEJI

〔比〕吕克·德雷克

〔比〕桑德拉·范德维尔 著

顾晨曦 刘 芳 译

策划编辑：张 维

责任编辑：侯慧贤

责任校对：刘志刚

装帧设计：Typo_d

责任印制：张 策

重庆大学出版社出版发行

出版人：饶帮华

社址：（401331）重庆市沙坪坝区大学城西路21号

网址：http://www.cqup.com.cn

印刷：天津图文方嘉印刷有限公司

开本：965mm×1270mm 1/16 印张：20.25 字数：559千

2021年11月第1版 2021年11月第1次印刷

ISBN 978-7-5689-2963-9 定价：299.00元

Belgian Fashion Design

by Luc Derycke (Author), Thimo Teduits (Contributor), San Van de Veire (Contributor)

Published by arrangement with Uitgeverij Ludion, through LEE's Literary Agency

版贸核渝字（2018）第163号